唯物史观视阈下
生态危机根源研究

WEIWUSHIGUAN SHIYU XIA
SHENGTAI WEIJI GENYUAN YANJIU

张 涛◎著

人民出版社

目　录

导　　论

自 20 世纪中期以来,伴随着工业化进程的加快,大气污染、全球变暖、土地荒漠化、森林锐减、水土流失、物种灭绝、资源枯竭等问题不断凸显,人类正遭遇前所未有的生态危机已经在人们的观念体系中达成了一致共识。然而,生态危机进入人类视野已有半个多世纪,尽管各类不同性质的社会组织或学术研究团体针对生态危机曾不断发出告诫与呼吁,但遗憾的是,环境污染与生态破坏的现象和行为依旧不停地在世界各地上演。从总体上看,人类所面临的生态危机形势非但没有得到改善,相反,却变得更加严峻。为此,我们不得不追问,为什么人类在消除生态危机问题上如此举步维艰? 显然,答案在于我们至今尚未找到全球性生态危机的真正根源,或者即使我们依稀认识到了但却没有直面它、克服它。

一、研究缘起与研究意义

(一)选题缘起

本书以唯物史观作为理论基础和分析工具来对生态危机根源展开研究,是理论与现实交互作用的产物,有其深刻的社会历史背景。

从理论层面看,世界各国的学者围绕生态危机根源问题所进行的旷日持久的探讨与争论并没有达成统一的共识,仍然有待理论界进一步深化和推进。20 世纪 60 年代以来,人类在探寻全球性生态危机的根源及其疗治方案过程中,相继形成了以生态中心主义为基础的"深绿"思潮(动物权利论、生物中心论、生态中心论)、以现代人类中心主义为基础的"浅绿"思潮(环境主义、生态现代化理论、可持续发展理论)和以马克思主义为基础的"红绿"思潮(生态学马克思主义、有机马克思主义)。它们从各自的研究视角出发,对生态危机根源进行了系统地阐发,形成了不同类型的生态文明理论。但由于理论性质和所持价值立场的差异,上述思潮包括思潮内部不同的派别对生态危机根源及其相关问题的理解和看法仍然存在较大分歧和争论。这些争论包括:"人类中心主义价值观是否应当对生态危机负责""马克思主义思想体系中是否存在生态学的空场""生态危机是否已经取得经济危机成为当代资本主义社会的主要危机""资本逻辑与现代性之间是什么关系",等等。从学理上澄清上述问题,不仅关系到我们能否获得关于生态危机根源的本质认识,而且涉及对马克思主义尤其是唯物史观的正确认识和评价问题。就此而言,展开对生态危机根源的深入研究在理论上就显得尤为必要。

从现实层面看,厘清生态危机成因,探求生态环境问题的解决之道,是开展社会主义生态文明建设的内在要求。新中国成立以来,中国共产党在推进现代化的历史进程中高度重视环境保护工作,从"绿化祖国"的植树造林行动到"环境保护"写入宪法成为一项基本国策,从可持续发展战略、两型社会建设等重大战略理念的提出到科学发展观上升为党的指导思想,推动经济建设与资源节约利用、环境保护的协调发展,贯穿于我们党对现代化建设道路探索的始终,这使得我国生态文明建设取得了显著成绩。但需要指出的是,改革开放以来多年快速发展所积累下来的环境问题进入了高强度频发阶段,我国"资源约束趋紧、环境污染严重、生态系统退化的形势依然十分严峻"①。生态环境问题不仅对中国的可持续发展造成了严重制约,而且对人民群众的生产生活形成了一定威胁。换言之,生态环境问题既是重大经济问题,也是重大社会和政治问题。党的十八大以来,我们党把生态文明建设摆在强国建设、民族复兴的突出位置,并将其纳入中国特色社会主义事业的"五位一体"总体布局之中。作为实现中华民族永续发展的千年大计,建设生态文明的首要前提在于明确生态问题的具体成因。如果对全球性生态问题的复杂成因缺乏必要的认知,就难以在生态文明建设实践中取得实效。在此意义上,生态文明建设实践的现实要求迫切需要我们对生态问题的成因进行深入考察。

(二)研究意义

从唯物史观关于人与自然、社会关系的本质规定出发去探究生态危机的根源,具有重要的学术价值和现实意义,这主要表现在以下三个方面。

第一,有利于深化和推进学界对生态危机根源问题的研究,确立一种能够反映生态问题本质的研究范式,进而破解相关争议。理论界关于生态危机根源的研究由来已久,"其文献之多超过了一个人一生所能阅读和吸收的限度"②,但关于生态危机深层次原因的反思仍然较少。长期以来,西方理论界始终从伦理、技术或市场失灵等层面来审视生态问题,力图回避生态危机与资本主义制度的内在联系。部分后现代主义者甚至主张放弃现代文明,回归荒野。这种把生态问题归结于思想观念以及现代性的分析路向和主张割裂了人与自然的有机统一,没有从根本上认识到生态危机的实质,由

---

① 习近平:《论坚持人与自然和谐共生》,中央文献出版社 2022 年版,第 30 页。
② [美]詹姆斯·奥康纳:《自然的理由——生态学马克思主义研究》,唐正东、臧佩洪译,南京大学出版社 2003 年版,第 200 页。

此也就决定了它们无法找到解决生态危机的有效途径。生态学马克思主义虽然认识到了资本主义制度的反生态本质,但对历史唯物主义的认识却存在一定偏差。生态危机本质上是人与人、人与社会关系外化作用于自然界的结果。相比较于其他思想谱系而言,唯物史观因其对人、自然与社会三者相互关系的深刻洞察,而更具分析生态危机的可能性。进一步讲,以唯物史观作为理论基础和分析工具来对生态危机根源展开研究,一方面强调人们必须透过人与自然关系恶化的本质,看到经济因素的根本作用,进而从生产方式层面去加以剖析;另一方面则要求把生态问题置于一定历史时期内,并结合具体的社会历史环境予以分析考察。这种研究范式不仅能够帮助人们洞察生态问题的本质,而且有利于人们科学把握生态问题的复杂性。

第二,有利于系统阐发唯物史观蕴含的生态文明思想,回应西方学者对于唯物史观的生态诘难。一直以来,西方学者对于马克思主义理论体系中是否具有生态文明思想存在着诸多误解甚至是曲解,这种误解和歪曲主要集中于对唯物史观的生态批判上。从唯物史观的视角来研究生态危机根源,首先必须阐明唯物史观的生态规定,即唯物史观的生态文明理论基础。本书通过对马克思恩格斯著作文本的考察发现,作为自然与社会相统一的理论,唯物史观内含丰富的生态思想和观点,它不仅体现在马克思恩格斯具有实践特性的人化自然观上,而且体现在他们对资本主义的批判和共产主义的规定与设想之中。在对资本主义的批判中,马克思揭示了资本主义生产方式的不可持续性,并对未来共产主义社会的生态文明特征进行了初步描绘。就此而言,这对于破除理论界关于唯物史观的生态质疑具有一定的学术价值。

第三,有利于明确全球性生态问题的具体成因,为新时代生态文明建设提供方法论指导。生态危机根源是生态文明建设的基础性理论问题。厘清生态问题的成因对于社会主义生态文明建设尤为重要。在这个问题上,不能忽视资本主义国家推行生态帝国主义的作用,否则就会容易陷入西方发达国家设置的"绿色陷阱"之中,进而失去作为发展中国家应有的发展权和环境权。只有将中国的生态环境问题置于唯物史观的研究视域下,才能形成较为完整、客观地认识,进而满足指导我国开展生态文明建设的现实诉求。

二、国内外研究述评

(一)研究现状

本书是从唯物史观的视角来探究生态危机根源,就国内外已有学术成果来看,与该领域相关的研究主要集中在以下三个维度。

1. 对生态危机根源的直接探讨

理论界关于生态危机根源的研究始于对西方工业化进程中环境状况恶化的关切。半个多世纪以来,学者们在反思全球性生态危机根源的过程中相继产生了生态中心主义、现代人类中心主义、生态学马克思主义和有机马克思主义等学派或思潮。上述学派或思潮从各自的研究视角出发对生态危机根源问题展开了广泛、系统和深入地研究,形成了众多不同的解释路向,概况起来可以划分为思想文化根源、社会制度根源以及其他根源三大类别。

(1)思想文化根源

生态危机的思想文化根源是指人们基于认识论、价值论的角度对生态危机根源进行的反思,主要包括人类中心主义价值观、控制自然的观念以及要求持续进步和发展的现代性理念等。

生态中心主义者认为,生态危机在本质上是一种价值观危机,它是由植根于西方传统文化的人类中心主义思想造成的。作为一种以人为宇宙中心的价值观念,人类中心主义否定自然的内在价值,坚持利己主义的思维方式,主张把道德关怀对象限定在人类这一范围内,从而为人们征服和控制自然提供了重要的世界观和方法论基础。大地伦理学派的创始人奥尔多·利奥波德曾经指出,人与动物、植物、土壤、河流、高山等其他存在物一样,都是"土地共同体"中平等的一员,并没有优先于其他自然存在物的权利和地位,如果人类继续以征服者的姿态肆意地改造自然界,那么自然界也将毁灭征服者,即"他的征服最终只是招致本身的失败"①。环境伦理学家霍尔姆斯·罗尔斯顿强调,人类中心主义从人的主观偏好出发去评判自然是否具有价值的做法是片面的。在他看来,价值是指事物所具有的创造性属性,就这种创造性的实现而言,"大自然的所有创造物都是有价值的"②。刘相溶也认为,人类中心主义是引起生态环境危机的文化观念之一,它在现实生活中极其容易导致物种歧视主义与人类沙文主义的盛行,进而为人类征服和统治自然提供合理性辩护。③ 20 世纪末,伴随着人类中心主义流派自我改造进程的开启,国内学者对人类中心主义的批判也更加审慎。例如,汪信砚强调,并不是每一种形态的人类中心主义都会造成生态环境问题,只有对包括宇宙人类中心主义、神学人类中心主义、生态人类中心主义等不同形态的人类中心主义予以具体地历史考察,才能够得出客观的结论。④

与上述人类中心主义对待自然界的态度一脉相承的是"控制自然"的观念。加拿大学者威廉·莱斯认为,人们在理解环境问题时存在两种错误的观点,一种是把环境问题归结于无所不包的经济核算问题,片面地认为可

---

① [美]奥尔多·利奥波德:《沙乡年鉴》,侯文蕙译,商务印书馆 2019 年版,第 226 页。
② [美]霍尔姆斯·罗尔斯顿:《环境伦理学》,杨通进译,中国社会科学出版社 2000 年版,第 270 页。
③ 刘湘溶:《生态环境危机诸原因的伦理学批判》,《道德与文明》1991 年第 3 期。
④ 汪信砚:《人类中心主义与当代的生态环境问题——也为人类中心主义辩护》,《自然辩证法研究》1996 年第 12 期。

以通过引入市场机制得以解决;另一种观点则是把征兆当作根源,强调环境问题是由对科学和技术的崇拜造成的。对此,莱斯指出,环境问题最深刻的根源既不在于市场作用的缺失,也不在于科学技术本身,而是人类凭借科学技术这一工具企图实现"控制自然"的观念。这种观念作为一种意识形态,建立在"自然"和"社会"相互分离的方法论基础上。而它对生态环境的影响在于,"把全部自然(包括人的自然)作为满足人的不可满足的欲望的材料来加以理解和占用"①,由此带来了两个相互联系的灾难性后果。一是破坏了自然生态系统的平衡,使得所有有机生命的物质资料供养基础遭受极大威胁;二是造成了生产的无限扩张,导致存在于地球共同体之中的人类对有限的自然资源和生态环境的争夺愈发激烈。莱斯的上述观点得到了部分国内学者的肯定。王平指出,生态危机的产生与人类对自然界态度的改变紧密相关,17 世纪以来,"控制自然"的观念成为一种主流意识形态使人类失去了对自然的敬畏态度,由此衍生了人类对自然的征服和掠夺。② 陈宏滨也认为,"控制自然"的观念虽然在促进人类物质生存条件的改善方面发挥了积极作用,但同时也对人与自然关系产生了不可估量的消极影响。③

在后现代主义者看来,现代性的价值理念是造成生态危机的另一个思想文化根源。所谓现代性,就是指 17 世纪以来诞生于欧洲的"现代"世界观和"现代"思维方式。现代性的哲学基础是形而上学,形而上学主张非此即彼的"机械"思维方式,这种思维方式构成了现代性的最本质特征。正是它将人与作为我们无机身体的自然相互割裂开来,从而导致了人与自然关

① 〔加〕威廉·莱斯:《自然的控制》,岳长岭、李建华译,重庆出版社 2007 年版,序言第 7 页。
② 王平:《生态虚无主义的症候及其诊治路径》,《马克思主义与现实》2017 年第 5 期。
③ 陈宏滨:《资本主义生态危机的根源及启示》,《湘潭大学学报(哲学社会科学版)》2015 年第 4 期。

系的紧张和恶化。大卫·雷·格里芬认为,"现代性具有二元论和个人主义的基本倾向"①,这种倾向使得人们在现代社会中形成了一种机械主义的自然观,它要求人们承认人与自然之间的主客体差异,主张实现对自然的完全征服与统治。现代性同样是国内学者反思生态危机根源的重要维度。曹孟勤通过对价值观与人性观二者关系的考察认为,现代性的人性是环境危机产生的本质根源。② 张彭松则强调,"现代性断裂"的文化危机不仅使人与人的关系演变成为了一种"我与它"式的功利性关系,而且造成了人与自然关系的异化。③

（2）社会制度根源

伴随着人们对生态危机认识的进一步深化,越来越多的西方学者逐渐意识到,价值观念上的反思并不能从根本上解决现实中的生态问题,于是,他们开始从社会制度层面去探讨生态危机的真正根源。在这一探索过程中,产生了具有完整理论体系和较大社会影响的生态学马克思主义（又称为生态社会主义）理论学派。与此同时,从 20 世纪 90 年代开始,国内学者陆续译介了莱斯、本·阿格尔、约翰·贝拉米·福斯特、詹姆斯·奥康纳、安德烈·高兹、岩佐茂等一批较有影响的生态学马克思主义学者的作品,相关的研究论文与专著开始大量出现。国内学者在研究上述学派和思潮的过程中,也开始高度关注马克思恩格斯的生态思想,试图从经典著作中挖掘马克思恩格斯对资本主义制度的生态批判理论,取得了较为丰富的研究成果。从总体上看,国内外学者对于生态危机根源的社会制度批判主要集中在以下几个方向。

一是对"资本主义政治制度"的批判。詹姆斯·奥康纳认为,资本主义

---

① ［美］大卫·雷·格里芬:《后现代精神》,王成兵译,中央编译出版社 1998 年版,第5页。

② 曹孟勤:《超越人类中心主义和非人类中心主义》,《学术月刊》2003 年第 6 期。

③ 张彭松:《生态危机的现代性根源》,《求索》2005 年第 1 期。

的政治和法律体系、资本的积累等因素促成了"作为生产资料和生产对象的自然与作为消费资料及消费对象的自然之间的分离"①，是资本主义国家生态环境问题产生的重要根源。本·阿格尔则从资本主义政治统治的合法性角度展开了对资本主义制度的生态批判。在他看来，"干涉主义国家的民主合法性以前是通过向工人提供他们可以有望不断增长财富的许诺来维系的"②，但不断向民众增加商品供给与物质财富的做法必然会与有限的生态系统发生矛盾冲突。彭福扬等人也认为，政治因素是环境问题产生的重要根源，尤其是资本主义国家为了谋求世界政治霸权而发展致毁性技术，给生态恶化带来了潜在的风险和挑战。③

二是对"资本逻辑"的批判。日本学者岩佐茂指出，资本主义是以资本为主导的社会，资本的逻辑贯穿于整个社会之中，它一方面把包含在人格在内的一切东西贬低为追求利润的手段，另一方面又在生产过程中尽量削减费用，避免环境成本的支出，这种行为必然会对自然生态环境造成破坏。高兹也认为，资本主义与生态危机之间的矛盾是无法克服的，因为在资本主义生产条件下，资本的利润动机是主宰一切生产行为的最高准则，它决定了资本家必须"最大限度地增加投资，最大限度地去控制自然资源"，以便自身能够在世界市场中占据优势。④ 陈学明强调，资本之所以与生态存在根本对立，就在于它内嵌着增殖和效用的原则，资本的增殖原则决定了它必然会无限度地利用自然资源来扩大生产规模从而实现对利润的追求；而资本的效用原则又决定了它必然会把自然当作实现价值增殖的工具而忽视

---

① ［美］詹姆斯·奥康纳：《自然的理由——生态学马克思主义研究》，唐正东、臧佩洪译，南京大学出版社 2003 年版，第 100 页。

② ［加］本·阿格尔：《西方马克思主义概论》，中国人民大学出版社 1991 年版，第 474 页。

③ 彭福扬、曾广波：《论生态危机的四种根源及其特征》，《湖南大学学报（社会科学版）》2002 年第 4 期。

④ Gorz, A, *Ecology as Politics*, Boston: South End Press, 1980, p.5.

生态环境的保护。① 如此一来,人与自然之间的平衡就会不可避免地被打破。

三是对"消费异化"的批判。消费异化是国内外学者对资本主义制度批判的一个重要维度。一般而言,消费异化是指作为消费的主客体发生异化而转向其本身对立面的现象。莱斯指出,消费异化主要表现为消费目的异化,即原本作为满足人的需要和实现人的发展的手段成为了目的本身,"越来越多被诱导和欺骗的民众忽略了个人自我实现的其他可能性,而把消费作为需要满足的唯一导向"②。对于消费异化产生的根源,法兰克福学派的学者认为,它是社会上占统治地位的势力为了巩固现行的社会制度和利益的产物,他们的真正目的是通过娱乐、广告宣传等手段来掩盖消费者的真实需要,制造虚假的消费需求并向消费者极力兜售,以此来消磨民众的斗争意识。通过对马克思文本的深入考察,赵义良强调,马克思的异化理论包含丰富的消费异化思想。在他看来,正是借助于"占有"和"需要"两个概念的分析,马克思才得以正确揭示了消费异化的内在根源——资本主义私有制。③ 消费异化在现代社会中产生了严重的后果,包括人的本性的扭曲、生态环境的破坏以及人的自由全面发展的受阻等。

四是对"生态帝国主义"的批判。福斯特指出:"资本主义中的生态问题属于一个非常复杂的问题,需要在全球层面上进行分析。"④在他看来,正是资本主义国家推行生态帝国主义,才造成了世界范围的生态退化。为此,

① 陈学明:《资本逻辑与生态危机》,《中国社会科学》2012 年第 11 期。
② William Leiss, *The Limits to Satisfaction*, Montreal: Mcgill – Queen's University press, 1988, p.28.
③ 赵义良:《消费异化:马克思异化理论的一个重要维度》,《哲学研究》2013 年第 5 期。
④ [美]约翰·贝拉米·福斯特:《生态革命——与地球和平相处》,刘仁胜等译,人民出版社 2015 年版,第 212 页。

他从资源掠夺、人口和劳动转移、利用诸多社会的生态脆弱性以加强帝国主义控制、倾倒生态废弃物以及全球性"新陈代谢断裂"等五个角度进一步剖析了生态帝国主义的主要表现形式。周光迅也持类似观点，即生态危机之所以呈现出全球化的发展趋势，是资本主义国家凭借不合理的国际政治经济秩序推行生态殖民主义的结果，这种生态霸权不仅体现在资源掠夺和污染转嫁方面，而且体现为生态技术的垄断。① 郇庆治也强调，资本主义跨国垄断资本的利益及其诉求在日趋紧张的全球性社会自然关系中扮演着"幕后推手"的角色，而这与资本主义的地域性扩张密切相关。② 生态殖民主义对于我们认识全球性生态问题至关重要，许多发展中国家所出现的生态问题一定程度上是由发达资本主义国家竭力推行的生态殖民主义造成的，它在历史上表现为资本原始积累进程中的赤裸地资源掠夺，而如今则主要依靠贸易规则的制定来操控市场价格，进而在巨大的"剪刀差"中获取高额利润。

（3）其他根源

在对生态危机根源进行反思的过程中，也有部分学者认为，生态危机是由人口增长、科技异化等外在客观因素造成的。尽管我们今天对这些观点已经不再那么笃定和坚信，而是表现得更为客观谨慎，但在当时的社会历史条件下却产生了重要影响。

人口增长对自然生态环境的影响首先是由西方学者提出来的。马尔萨斯在《人口原理》一书中指出，社会在一定时期的生产能力是有限的，人口的爆炸式增长必然会引发食物等生活资料的短缺问题，在这种艰难处境下，

---

① 周光讯：《资本主义制度才是生态危机的真正根源》，《马克思主义研究》2015 年第8 期。

② 郇庆治：《"碳政治"的生态帝国主义逻辑批判及其超越》，《中国社会科学》2016 年第3 期。

人们便会加大对土地等自然资源的开发力度,"或开垦新地,或对已开垦的土地施用更多的肥料,或进行更全面的改良"①。这种观点认为,当人口增长的速度超过人类对地球资源开发利用的速度时,自然生态环境就会形成对人类发展的制约。对此,也有部分学者持不同意见。例如,包茂宏强调,我们在分析人口增长与环境破坏之间的关系时不能过于绝对化、简单化,尽管人口的增加的确会造成资源需求的扩大,但真正将环境破坏与人口增长有机联系在一起的是存在于二者之间的中介因素——贫困化。只有当处于贫困状态下的人们基本生活得不到有效保障时,他们才会牺牲自然环境来谋求生存,这才是违背自然规律的过度耕作、放牧等现象得以发生的真正原因。②

科技异化也是国内外学者分析生态危机根源的另一个重要面向。在他们看来,科学技术在推动生产力发展、造福人类的同时,也在客观上对自然生态环境产生了许多负面影响。美国学者巴里·康芒纳指出,第二次世界大战以来出现的新技术既是一个经济上的胜利,同时也是一个生态学上的失败,日益严重的生态危机与现代社会的技术变革密切相关。有学者强调,技术所具有的双重效应和影响不仅作用于人类,而且作用于生态环境,它一方面会增强人类的物质获取能力,另一方面也会在无形中改变自然的形态和结构,从而使自然生态系统原有的稳定和平衡被打破。③ 对于这一观点,王雨辰认为,科学技术本身并无对错,"技术在人类社会发展过程中起何种作用,关键取决于技术运用所承载社会制度的性质和价值观的性质"④,也

---

① [英]马尔萨斯:《人口原理》,杨菊华、杜声红译,中国人民大学出版社2018年版,第11页。

② 包茂宏:《非洲的环境危机与可持续发展》,《北京大学学报(哲学社会科学版)》2001年第3期。

③ 庄穆:《生态环境之根源分析》,《马克思主义与现实》2004年第2期。

④ 王雨辰:《生态批判与绿色乌托邦——生态学马克思主义理论研究》,人民出版社2009年版,第132页。

就是说,技术的资本主义使用才是造成生态危机的根源。

2. 对马克思恩格斯生态思想的阐发

由于生态危机长期得不到有效解决,越来越多的学者试图从马克思主义理论体系中去寻找理论资源。但是,在这个问题上,国内外理论界关于马克思恩格斯是否具有生态学思想存在不少争议,反对和质疑者有之,赞同和拥护者亦有之。

部分学者认为,马克思主义存在生态学的理论空场。基于这样一种基本认识,有学者提出了"空白论"与"补充论"两种相互衔接的观点。持"空白论"观点的学者强调,马克思恩格斯并没有把生态问题视为资本主义发展的核心问题,在其著作中存在的零星的生态观点和思想只是他们为了批判资本主义血淋淋的剥削本质而使用的论证工具,这种"说明性旁白"与其著作的主体内容没有系统性关联。与此同时,马克思恩格斯一直强调的是对现实世界包括自然界的改造,而对于对自然科学或者技术对环境的影响他们并不感兴趣。张云飞指出:"之所以会出现'空白论'的观点,是与卢卡奇、葛兰西和柯尔施等人发起的西方马克思主义传统密切相关的。西方马克思主义认为,辩证法仅仅与人类的社会实践活动有关,在自然界中是不存在辩证法的。这样,不仅将自然辩证法和历史唯物主义割裂了,而且导致了对整个马克思主义的肢解。因此,在一些人的意识中就种下了马克思主义缺乏自然思想的种子。"① 与"空白论"相衔接的是部分生态学马克思主义学者提出的"补充论"。"补充论"实质上是"空白论"观点的一种延伸与拓展。在他们看来,既然马克思主义理论体系存在着生态学的空白,那么,就应该用生态学来补充马克思主义。提出这种观点的理论依据在于,当代垄断资本主义的发展使得资本主义社会出现了"过度生产"和"过度消费"的

---

① 张云飞:《唯物史观视野中的生态文明》,中国人民大学出版社 2014 年版,第 99 页。

现象,而过度生产与过度消费二者是相互促进的,它在造成人的异化的同时也造成了自然的异化,生态危机已经取代了经济危机成为资本主义社会的主要危机。然而,上述这些看法显然是无法成立的,尽管资本主义在当代社会出现了一些新的变化,但是影响其发展变化的基本矛盾并没有改变,马克思关于资本主义社会经济危机的研判在今天仍然适用。

与上述"空白论"和"补充论"观点不同的是,国内外的许多学者对马克思恩格斯的理论著述中是否具有生态思想明显地持肯定态度。20世纪90年代以来,他们在回归经典著作文本的科学研究的基础上对马克思恩格斯的生态思想进行了深入挖掘,相关研究成果主要有以下四个方面。

第一,关于马克思恩格斯生态思想形成的历史背景和理论渊源的研究。方世南认为,考察马克思恩格斯生态思想产生的历史背景,既不能忽视资本主义生态矛盾与社会矛盾交织、人民群众生态效益缺失的现实状况,也不能忽视自然科学的长足进步所提供的科学基础。[①] 福斯特也表达了类似的观点,在他看来,马克思对生态问题的深刻见解"来源于他对17世纪的科学革命和19世纪的环境所进行的系统研究"。[②] 对于马克思恩格斯生态思想的理论来源,大部分学者认为,主要包括伊壁鸠鲁的原子论、黑格尔的辩证法和费尔巴哈的唯物主义。正是在对他们的思想成果进行批判性吸收和改造的基础上,马克思恩格斯的生态思想才得以形成。同时,也有学者提出,尤斯图斯·冯·李比希的农业化学、达尔文的进化论以及路易斯·亨利·摩尔根的人类学同样是马克思恩格斯生态思想理论来源的重要组成部分,他们对马克思恩格斯揭示自然与社会之间的物质变换断裂和社会历史发展规律发挥了重要作用。

---

① 方世南:《马克思恩格斯的生态文明思想——基于〈马克思恩格斯文集〉的研究》,人民出版社2017年版,第87页。

② [美]约翰·贝拉米·福斯特:《马克思的生态学——唯物主义与自然》,刘仁胜、肖峰译,高等教育出版社2006年版,第23页。

第二,关于马克思恩格斯生态思想的发展过程或发展阶段的研究。学界对于这方面的研究主要有"二阶段说"、"三阶段说"和"四阶段说"三种观点。持"二阶段说"的观点认为,马克思生态思想的发展过程分为前期和中后期两个阶段,前期主要致力于突破思辨哲学对自然概念的束缚,在立足于劳动实践确立人化自然观的基础上赋予自然以社会历史的性质;中后期则侧重于运用历史唯物主义的方法来剖析自然与社会的关系,从而将生态问题与社会问题结合起来研究,揭示出人与自然双重异化的资本主义制度根源。部分学者通过对马克思不同历史时期的理论文本进行考察得出结论认为,马克思生态思想的发展可划分为三个阶段,即以生态哲学思想为主的早期阶段、以生态经济思想与生态政治思想为主的中期阶段以及以生态社会学思想为主的晚期阶段。持"四阶段说"的观点则认为,马克思恩格斯生态思想的发展演进经历了萌芽、形成、成熟和深化四个阶段。

第三,关于马克思恩格斯生态思想主要内容和基本观点的研究。由于马克思恩格斯生态思想的内容较为丰富,涵盖了哲学、政治、经济、文化和社会等多个领域。为此,学界从不同的学科视角对其展开了系统深入地研究。比如,曹顺仙从自然、人、社会相互关系的角度对马克思恩格斯的生态哲学思想进行了"三维化"诠释,提出马克思主义生态哲学包含自然主义、人本主义和共产主义三个维度。[1] 也有学者认为,尽管马克思恩格斯并没有明确提出生态政治的概念,但他们在对人与自然关系的论述、资本主义的批判以及共产主义的理论构想中,已经内在包含了生态政治思想的意蕴。[2] 岩佐茂基于经济和生态的关系,阐发了马克思在经济活动论述中蕴含的三个

---

[1]　曹顺仙:《马克思恩格斯生态哲学思想的"三维化"诠释——以马克思恩格斯生态环境问题理论为例》,《中国特色社会主义研究》2015 年第 6 期。

[2]　赵涛:《马克思主义中国化生态思想探析》,《科学社会主义》2014 年第 6 期。

环境观点：一是重视自然界的物质循环；二是揭示了资本主义生产活动对自然环境的危害；三是主张对人与自然的关系进行控制。① 韩喜平从物质、制度和精神等层次提炼出了马克思恩格斯生态文化思想的主要内涵，包括需求导引供给的物质生态文化、自由发展的制度生态文化以及人与自然和谐的精神生态文化等。② 此外，马克思恩格斯的生态思想还蕴含着社会发展的向度，它所建构的生态发展观不仅批判了资本主义的生态破坏性，揭示了自然生态系统和社会发展的关系，而且指明了解决生态问题的根本方向。③

第四，关于马克思恩格斯生态思想理论特征与科学价值的研究。在全面把握马克思恩格斯生态思想内容的基础上，学者们对他们生态思想的理论特征进行了凝练和总结。例如，黄广宇从伦理学、哲学、政治经济学和人类学四个层面分别概括出了马克思生态思想的整体性、实践性、批判性和超越性的特征。④ 深入挖掘马克思主义经典作家生态思想的目的在于为我国生态文明建设的提供现实指导，因此，学者们还对马克思恩格斯生态思想的理论价值展开了研究。赵成指出，马克思的生态思想为我们建构生态文明提供了重要启示，这种启示体现在：尊重自然界发展运行规律，树立和谐共生的自然观；转变粗放式的经济模式，大力发展循环经济；发挥社会主义制度优势，实现社会主义生态文明。⑤

---

① ［日］岩佐茂：《环境的思想——环境保护与马克思主义的结合处》，韩立新等译，中央编译出版社 2006 年版，第 250—251 页。

② 韩喜平、李恩：《当代生态文化思想溯源——兼论科学发展观的生态文化意蕴》，《当代世界与社会主义》2012 年第 3 期。

③ 张云飞：《社会发展生态向度的哲学展示——马克思恩格斯生态发展观初探》，《中国人民大学学报》1992 年第 2 期。

④ 黄广宇：《马克思生态观的发展路径及其当代中国回应》，《华南师范大学学报（社会科学版）》2016 年第 3 期。

⑤ 赵成：《马克思的生态思想及其对我国生态文明建设的启示》，《马克思主义与现实》2009 年第 2 期。

3. 对唯物史观的生态诘难与辩护

在挖掘马克思恩格斯生态思想的过程中,学者们围绕唯物史观与生态学的关系产生了较大分歧。部分学者认为,唯物史观与生态学从根本上是对立的,也有学者持反对意见,他们就此展开了一场激烈的理论交锋。

（1）西方学者对唯物史观的生态诘难

一是对唯物史观生产力发展理论的责难。由于唯物史观强调生产力的发展与进步是人类社会前进的最终决定力量。部分西方学者对此批评道,马克思片面强调了生产力的发展在人类社会历史进程中的决定性作用,并且强调继承资本主义高度发达的生产力对于未来实现共产主义的重要性,是一位"生产力至上主义者"。而在许多西方学者的视野中,工业革命以来的直观事实表明,生产力的发展与生态环境破坏存在内在关联,正是生产力的发展带来了生态环境破坏。因此,西方学界对唯物史观的生产力发展理论颇有微词。英国生态学马克思主义者泰德·本顿认为,马克思对生产力发展的理解(从质和量两个维度)暗含着不利于生态发展的因素,它最终会突破自然的极限,造成严重的生态和环境问题。① 与此同时,由于科学技术的进步是生产力发展的主要表现,部分学者还把他们对唯物史观生产力理论的责难进一步延伸至马克思技术观的批判上。例如,环境文化主义者罗宾·艾克斯利指出,马克思恩格斯对资本主义生产力所创造的物质文明持肯定态度,因此,他们也拒绝批判作为生产力发展支撑的现代技术,并将其视为征服自然的手段。②

二是对唯物史观关于人的本质观点的责难。有学者基于马克思关于

---

① 王青:《泰德·本顿对历史唯物主义的生态批判与建构》,《东岳论丛》2014 年第 10 期。

② Robyn Eckersley, *Environmentalism and Political Theoy*, Albany: State of University Press, 1992, p.80.

"人的本质在其现实性上是一切社会关系的总和"的观点认为,唯物史观只强调人的社会性而对人的自然性关注不够,这样,在唯物史观那里就没有对人的必要的约束,各种各样的人类意志对非人类的自然界就拥有一种绝对的特权,由此造成了人与自然关系的紧张。部分学者甚至据此认为,包括唯物史观在内的整个马克思主义就是一种内含"支配自然"思想的人类中心主义。比如,约翰·克拉克通过对马克思早期诗歌的考察指出:"在马克思的视野中,人是外在于自然的存在物,是一个不把地球看作是生态'家庭成员'的人。他以不屈不挠的意志寻求自我实现并把对自然的征服贯穿于其中。"①社会学家安东尼·吉登斯也认为,"这种'普罗米修斯式的态度'在马克思的著作中总是非常突出",②但他主张对这种起源于近代以来的启蒙理性同时又受到以技术发展为基础的社会进步观影响的态度进行客观分析,因为这在马克思生活的 19 世纪并不奇怪,只是在社会进步的标准不再以生产力的扩张为指导的 20 世纪才显得格格不入。

三是对唯物史观关于共产主义理论的责难。众所周知,马克思恩格斯所设想的共产主义社会是一个以生产力高度发展、物质产品极大丰富为特征的社会。西方生态思潮据此认为,马克思对于后资本主义社会中存在的条件过于乐观,以至于像自然资源不足和再生产的外在限制(统称为"自然限制")这样的生态原因都简单消失不见了。环境政治学家瓦尔克指出:"在马克思的分析中,没有任何迹象表明在实现由社会主义向共产主义转变的过程可以被自然资源的稀缺所抑制。从来没有讨论过为社会主义社会扩大生产能力提供燃料所需的资源;言外之意,它们将是丰富的。"③在他看

---

① John Clark, Marx's Inorganic Body, *Environmental Ethics*, Vol.11, No.3, 1989, p.258.

② [英]安东尼·吉登斯:《历史唯物主义的当代批判——权利、财产与国家》,郭忠华译,上海译文出版社 2010 年版,第 60 页。

③ K. J. Walker, Ecological Limits and Marxian Thought, *Politics*, Vol. 14, No. 1, 1979, pp.35-36.

来,马克思对于共产主义生产蕴含有"自然资源是无限的"设想,但是,现实状况并非如此,"自然资源短缺"的形势只会伴随着人类对自然开发深度与广度的强化而变得越来越严峻。生态经济学家赫尔曼·戴利也强调:"经济增长对于获取共产主义新人所需的无穷物质财富是极为重要的,然而,环境对增长的限制将同马克思所说的这一'历史趋势'相矛盾。"①环境哲学家罗特利则明确地表示,共产主义是反生态的,因为马克思设想的共产主义社会是一个自动化的"天堂",而"通过自动化而减少到最低限度的劳动,其生产必然是能源密集型的,因此,在任何可见的、现实的能源情况下,都会对环境造成破坏"。②纽约市立大学的安德鲁·麦克劳夫林也表达了类似的观点,他认为,"马克思把普遍的物质丰富看作是共产主义的基础,并且承诺通过生产力的发展以及合理的社会组织管理最大程度地实现人类的自由与解放,但是,对于把自然从人类控制下解放出来,马克思似乎并不感兴趣"③。

(2)国内外学者对唯物史观的生态辩护

针对西方学者关于唯物史观的生态质疑,国内外理论界从以下三个方面展开了辩护。

1)马克思不是生产力至上主义者

对西方学者的质疑持反对意见的学者认为,马克思虽然高度肯定资本主义生产力的发展对于物质财富增加以及社会进步的积极作用,并且承认高度发达的生产力是建立共产主义的必要条件,但他并不是一位"唯生产力主义"的机械论者。在他们看来,唯物史观的生产力发展理论之所以遭

---

① Herman Daly, *Steady-State Economical*, Landon: Earthscan, 1992, p.196.

② Val Routley, On Karl Marx as an Environmental Hero, *Environmental Ethics*, Vol.3, No.3, 1981, p.242.

③ Andrew McLaughlin, Ecology, Capitalism, and Socialism, *Socialism and Democracy*, Vol.6, No.1, 1990, p.95.

受部分学者的质疑,不仅与他们对唯物史观生产力概念的曲解有关,更与他们没有正确理解唯物史观生产力发展理论的内涵紧密关联。比如,乔纳森·休斯认为,马克思的生态批评者把"生产力"概念的内涵简单化为"生产技术",把生产力的发展狭隘地等同于技术发展,并把技术的运用与生态对立起来,由此造成了对唯物史观生产力发展理论的误读,部分学者甚至据此将唯物史观归结为"技术决定论"或"经济决定论"。在休斯看来,唯物史观的生产力概念不仅包含生产技术,而且内在地包含"劳动者的体能、原料和自然给予的生产资料"。① 与此同时,技术的发展并非一定与生态之间构成冲突,它的运用后果是由社会制度的性质所决定的。资本主义制度的逐利本性使技术获得了非理性运用,从而造成了生态环境的破坏,而马克思设想的共产主义社会主张以满足人民基本生活需要为目的开展生产活动,并要求生产力和技术的运用必须立足于合理地谋求人与自然之间的物质变换,这能够避免浪费性生产和对环境的破坏。因此,休斯得出结论认为,对于马克思来说,生产力的发展不是独立于人类活动而发生的过程,其社会效应依赖于不同社会结构的选择,没有理由认定唯物史观坚持生产力的发展必然会带来生态破坏。王雨辰同样认为,部分学者把唯物史观归结为"唯生产力论"的观点忽视了马克思生产力发展理论中所蕴含的与人的全面发展相一致的思想。在他看来,实现人的全面发展不仅是马克思发展生产力的根本目的和价值追求,更是生产力发展的评价标准,这就决定了作为人类生存和发展必要条件的自然界也必然包含在生产力发展的维度之内。②

2)唯物史观的人类中心主义立场与生态危机没有必然联系

在人学问题上,西方部分学者认为唯物史观关于人的本质的理论带有

---

① [英]乔纳森·休斯:《生态与历史唯物主义》,张晓琼、侯晓滨译,江苏人民出版社2011年版,第182页。

② 王雨辰:《生态学马克思主义对历史唯物主义生产力发展观的重构》,《哲学动态》2014年第3期。

明显地人类中心主义立场,蕴含着"控制自然"的思想,由此导致了人与自然关系的紧张与冲突。对于上述质疑,以福斯特为代表的生态马克思主义者在为唯物史观的人类中心主义价值观念作辩护的同时,主张对其内涵进行重新阐释。一方面,他们认为尽管唯物史观的确坚持人类中心主义的价值立场,但这种人类中心主义价值观与生态危机之间存在内在联系是有限制性条件的。福斯特指出,在唯物史观的视阈中,"人类'支配自然'的观念,虽然具有人类中心主义的倾向,但并不必然是指对自然或者自然规律的极端漠视",它实则是要使自然从异化的社会关系中解放出来。① 在他们看来,生态危机产生的根源不是人类中心主义价值观,而是以资本逻辑为统摄的生产方式,生态中心主义主张抛弃人类中心主义价值观的做法无异于舍本逐末,而破除承载它的资本主义生产方式才是消除生态危机的关键。另一方面,生态学马克思主义者强调,唯物史观的人类中心主义价值立场具有独特的内涵,它区别于新古典经济学的短期地个人主义的人类中心主义,是一种追求人类长远和整体利益、致力于实现可持续发展的人类中心主义。这种新型的人类中心主义价值观并没有将自然仅仅当作实现人类自身需要的工具,进而随心所欲地控制和操控自然,而是主张在对自然规律的理解和服从的基础上使之满足于人类的基本生活需要,特别是穷人的基本生活需要。需要指出的是,唯物史观蕴含人类中心主义倾向并不排斥经济增长和技术进步,它主张在尊重自然限制的前提下,为人们的真实需要的满足创造多种形式的条件和可能性。邓晓芒也指出,马克思的哲学是一种人本主义哲学,但这种人本主义并不是一般人类中心主义意义上的人本主义,即生态中心主义思潮所反对的那种极端人类中心主义,相反,它是致力于实现人与

---

① ［美］约翰·贝拉米·福斯特:《马克思的生态学——唯物主义与自然》,刘仁胜、肖峰译,高等教育出版社 2006 年版,第 14 页。

自然和谐的人本主义。①

3）马克思没有忽视自然的限制问题

针对生态中心主义思潮指责共产主义设想没有考虑自然限制和资源可能耗尽的问题，国内外学者指出，这种批评是站不住脚的，在马克思的著作中，承认自然限制的思想贯穿于唯物史观形成和发展的过程之中。有观点认为，尽管马克思没有用明确的语言表达出来，但是在他最重要的一些著作中无疑蕴含承认自然限制的思想，如马克思在《1844 年经济学哲学手稿》《德意志意识形态》提出了若干包含生态原则的术语，体现了他对生存依赖原则的明确认同；在《政治经济学批判》《经济学手稿》《资本论》中强调了人类对自然的依赖性；在《哥达纲领批判》中显示出了对自然施加于人类社会的因果影响的认可，等等。福斯特也认为，马克思并不像生态批评者说的那样，"认为自然资源是'取之不尽的'以及生态上的富足可以简单地由资本主义生产力的发展而得到保证"，②恰恰相反，他对自然极限和生态可持续问题表现出了深切地关注。在他看来，生态中心主义思潮之所以指责唯物史观忽视自然限制，原因就在于他们只看到了马克思把人类的历史发展作为社会批判的重点，而不是关注自然本身的进化过程。实际上，马克思唯物史观的关注点是从自然转向历史的，它没有否定前者在本体论意义上的先在性，而是把唯物主义历史观看作是建立在唯物主义自然观的基础之上。也就是说，马克思并没有忽视自然的限制，而是更倾向于从人类与自然之间相互作用的角度去研究自然界。

国内外学者对唯物史观生态诘难的反驳和辩护，使得西方学者在一定程度上解除了对唯物史观生态文明意蕴的"遮蔽"，他们不再把唯物史观与

---

① 邓晓芒：《马克思人本主义的生态主义探源》，《马克思主义与现实》2009 年第 1 期。
② [美]约翰·贝拉米·福斯特：《马克思的生态学——唯物主义与自然》，刘仁胜、肖峰译，高等教育出版社 2006 年版，188 页。

生态学相对立起来,并开始以唯物史观为基础来构建生态文明理论。

(二)研究述评

自 20 世纪中期以来,国内外的学者们对生态危机根源问题展开了全方位、多领域、多层次地研究,取得了十分丰硕的研究成果。总体而言,理论界关于生态危机根源的研究具有以下几个特点。

首先,从研究内容上看,学者们对于生态危机根源问题的研究经历了"去政治化"到"再政治化"的转变。20 世纪 60 年代到 70 年代,学者们对于生态危机根源的探讨大多集中于人口增长、科技异化和自然资源无偿使用等外在客观因素抑或从价值观念层面进行理论反思。这些研究带有一种"去政治化"的倾向,即脱离特定的政治经济制度来阐释环境问题和生态危机,忽视了一定社会形态下生产力与生产关系对自然生态环境的影响和制约。20 世纪 70 年代以后,学者们开始从社会制度层面来研究生态危机根源,力图揭示生态危机背后复杂的社会利益关系,由此产生了像生态学马克思主义等理论学派。与"深绿"思潮和"浅绿"思潮主张在资本主义制度框架内寻求生态问题的解决措施不同的是,他们明确提出了变革资本主义制度,建立生态社会主义社会的目标和要求,具有强烈的"政治化"色彩。

其次,从研究视角上看,学者们对于生态危机根源问题的研究伴随着理论认识的深化而更趋多元化和综合化。自生态危机产生半个多世纪以来,许多与生态学相关的交叉学科相继兴起。这一方面反映出了学者们对于生态问题成因的理解是多元的,而不是单一的;另一方面也表明了生态问题成因的复杂性,它可能是由多种因素综合作用的结果。即便如此,我们必须看到,生态问题的多种成因之间是不平衡的。在剖析生态危机根源时,不能把"成因"简单地等同于"根源",进而混淆二者的区别。

最后,从研究方法上看,学者们对于生态危机根源问题的研究越来倾向于使用马克思主义方法论来驾驭生态问题的分析。无论是生态学马克思主义还是近年来兴起的有机马克思主义，他们都坚持认为马克思对资本主义历史命运的本质洞察超出了他那个时代的历史性经验，因而主张采用唯物史观的历史主义分析法和阶级分析法来剖析生态危机根源及其解决途径。但在这个问题上，有机马克思主义主张用怀特海的过程哲学来修正、更新马克思主义，这种做法显然是有待商榷的。相比较于有机马克思主义而言，生态学马克思主义对马克思主义理论与方法的认识和运用显得更为彻底。

与此同时，从已有的理论成果来看，除了取得可喜的成绩之外，相关研究依然存在一定的不足。

其一，没有形成一种能够反映生态问题本质、便于把握生态危机复杂性的研究范式。当前，理论界关于生态危机根源的阐释多如牛毛，但能够获得公众广泛认可的解释依旧是凤毛麟角。研究者立足于不同的理论基础和价值立场，使得他们对于如何研究和评价生态危机根源这一问题出现了不同的意见分歧乃至激烈地争论。它既有不同理论思潮之间的学术论争，如"深绿"思潮和"浅绿"思潮围绕人类中心主义价值观与生态危机内在联系的探讨，也有同一种理论学派内部不同阵营之间的理论交锋，如生态学马克思主义者奥康纳与福斯特关于"资本主义第二重矛盾"和"新陈代谢断裂"何者才是生态危机根源的争辩。尽管这种理论探讨和争论有利于深化和推进对这一议题的研究，但它实则反映了半个多世纪以来学者们对于生态危机根源问题仍然没有达成统一共识的客观现实。之所以会出现上述局面，根本原因在于理论界到目前为止还没有形成一种能够反映生态问题本质的研究范式，而这恰恰是破解生态危机根源争议的关键。

其二，没有从历史唯物主义整体来把握马克思恩格斯的生态文明思想。尽管国内外学者对马克思恩格斯生态思想的深入挖掘已经取得了可喜的成果。但不可否认的是，相关研究也存在着两种值得注意的倾向：一是对马克思主义进行生态阐释时将马克思主义自然观和历史观对立起来,割裂了历史唯物主义中自然与社会的统一性;二是将历史唯物主义中对资本主义的批判和共产主义的设想归之于社会领域的分析,没有看到其中包含的对人与自然关系以及对自然规律研究的生态文明意蕴。事实上,唯物史观是自然与社会相统一的理论,它的生态思想和观点贯穿于自然哲学、政治经济学和共产主义的始终。对马克思恩格斯生态文明思想的分析必须建立在对历史唯物主义的整体把握之上,不能割裂唯物主义自然观、政治经济学批判与共产主义理论之间的联系。

综上所述,尽管理论界对于生态危机根源的研究已经取得了较为丰硕的成果,但是我们应当清醒地认识到,国内外的学者们对这一议题并没有达成统一的共识,相关研究仍然存在许多亟待解决的问题与争议,这也是后续研究需要予以深化和推进的关键所在。

三、研究思路及章节安排

本书坚持以问题为导向,旨在系统阐发唯物史观所蕴含的生态文明理论基础和方法论原则,论证其作为解决当代生态危机的科学理论工具的"必要性"和"可能性",进而确立一种能够反映生态问题本质的、便于正确把握生态问题复杂性的总体范式。在此基础上,通过总结和运用生态问题的唯物史观研究立场、观点和方法,并在区分事实判断与价值判断的前提下,剖析全球性生态问题的具体成因,为我国开展生态文明建设和参与全球生态环境治理提供理论释疑和具体指导。依据上述研究思路,本书正文分为五章。

第一章,生态危机的历史沿革。这是展开对生态危机根源研究的一项基础性工作。首先,在廓清环境危机与生态危机联系和区别的基础上,对全球性生态危机的内涵、表现和特征进行了具体概括。其次,从发生学的维度考察了自人类诞生以来人与自然关系演变的历史进程,以期能够使人们对生态危机发展演化过程形成直观地认识。

第二章,西方绿色思潮对生态危机根源的理论探索。本章的主要研究目的在于客观评价西方绿色思潮对生态危机根源探索的历史贡献和理论局限,进而阐明唯物史观出场的"必要性"。为此,本章首先从"深绿"思潮与"浅绿"思潮关于人类中心主义价值观与生态危机内在联系的争论出发,剖析了从价值观维度以及人口增长等外在客观因素探究生态危机根源的主要局限,并指出了二者争论的缺憾与不足。其次,阐述了生态学马克思主义提出的两种代表性理论——"第二重矛盾理论"和"新陈代谢理论",并对福斯特和奥康纳的两次论战进行了简要评析。最后,从历史唯物主义的角度评介了有机马克思主义针对生态危机根源提出的"现代性"观点,并对资本逻辑与现代性关系进行了具体分析。

第三章,唯物史观的生态文明意蕴。本章的研究重点是论证以唯物史观分析生态危机根源的"可能性"。因此,第一节立足于马克思恩格斯人化自然观确立的历史背景及其理论根基,在正确揭示其基本内涵的基础上,论述了唯物史观如何实现自然观与历史观的内在统一。第二节从理论文本出发,系统梳理了马克思恩格斯对工人生存环境状况、资本主义工业生产方式和农业生产方式的批判中蕴含的生态文明思想。第三节论述了马克思恩格斯关于如何解决资本主义生态问题的思考以及他们对未来共产主义社会生态文明美好图景和基本特征的预测与设想。

第四章,基于唯物史观的全球性生态危机根源再探讨。本章主要是运用唯物史观的基本立场、观点和方法对全球性生态危机根源进行具体分析。第一节在总结唯物史观生态文明意蕴的前提下,阐明了唯物史观对于生态危机根源分析的理论价值和方法论意义。第二节首先确立了生态危机根源的"生产方式"总体的研究范式,在此基础上具体剖析了资本主义生产方式与生态危机的内在关联,并对生态危机与经济危机的关系及其发展趋向进行了深入探讨。第三节从生态帝国主义批判的视角阐发了资本主义生态危机的全球扩展过程以及它对发达国家和发展中国家的双重影响。

第五章,生态危机根源分析对我国生态文明建设的现实启示。对生态危机根源的分析最终要落实到生态文明的现实建构上,因而本章内容主要是基于中国生态问题的多维成因提出我国生态文明建设的针对性举措。第一节从发展模式转型视角下对"什么是绿色发展""怎样实现绿色发展"以及"坚持绿色发展道路的现实意义"等问题作出了科学解答。第二节则从培育公众生态文明意识的角度,对"人与自然是生命共同体""绿水青山就是金山银山"等进行了学理阐释。第三节主要探讨了中国在生态文明建设过程中应当如何处理好地方性维度与全球性维度之间的关系,即如何在有效应对生态帝国主义挑战和影响的同时体现出作为一个负责任大国的担当。

四、研究方法

从唯物史观的角度展开对生态危机根源的研究,毫无疑问必须坚持以马克思主义的方法论为指导,在分析和论证过程中,本书主要采取了归纳与演绎相结合的方法、历史与逻辑相统一的方法、历史唯物主义与辩证唯物主义相结合的方法。

一是归纳与演绎相结合的方法。在探究生态问题的成因时,首先需要考察和归纳唯物史观所蕴含的生态文明理论基础和方法论原则,进而确立其关于生态危机根源的研究范式。而后再运用这种研究范式来具体分析资本主义国家生态问题的成因,这其中蕴含了从特殊到一般、从一般到具体的理论总结和方法运用。

二是历史与逻辑相一致的研究方法。本书在探讨全球性生态危机根源时,需要在区分事实判断与价值判断的基础上,实现历史与逻辑的统一。具体而言,在考察资本主义国家生态危机的发展状况时,一方面必须揭示出资本主义生产方式造成生态危机的必然性,另一方面则必须从资本全球扩张等角度对资本主义国家生态状况出现改善作出合乎逻辑的阐释。

三是历史唯物主义与辩证唯物主义相结合的方法。从不同的角度考察生态问题的"成因"可以得出不同的结论。但就生态危机产生的"根源"而言,必须从唯物史观的角度出发深入到经济制度尤其是生产方式上加以考察,这也是本研究所坚持的历史唯物主义基本立场。同时,在分析具体国家生态问题成因时,又必须以时间、地点和条件为转移,这是唯物辩证法运用的体现。

五、创新之处

基于已有的研究成果,本书力争进一步深化相关问题的研究,其可能的创新之处主要体现在两个方面。

其一,从"生产方式"总体的视角去考察生态危机根源,确立了能够反映生态问题本质的研究范式。本研究通过考察唯物史观关于人、自然与社会相互关系的本质规定得出结论认为,生态危机表面上是人与自然关系的紧张与恶化,其实质是人与人、人与社会的关系外化作用于自然生态环境的结果。在此意义,只有从"生产方式"总体的视角去探寻生态危机根源,才能够真正揭示出生态危机背后复杂的社会利益关系。在剖析生产方式与生态危机的内在联系时,不能将生产力与生产关系二者割裂开来,必须从"生产方式"总体展开研究,既不能忽略生产力的发展在客观上为人类征服自然所创造的前提性条件,也不能忽视异化的生产关系对人与自然关系恶化的必然影响。

其二,从资本主义发展演变的视角诠释了当代生态危机与经济危机的内在逻辑关系。在这个问题上,生态学马克思主义认为,生态危机已经取代经济危机成为资本社会的主要危机,这一观点是有待商榷的。从资本主义的发展历程来看,现代资本主义的历史限度恰恰表现为它的自然维度,生态危机实际上是资本主义自我否定的自毁机制的当代表现形式,它在本质上仍然是一种经济危机。而且生态危机并没有取代经济危机,两者将并存于当代资本主义社会。

第一章　生态危机的历史沿革

20世纪60年代以来,世界范围内的环境污染与生态破坏日益严重,生态危机逐渐引起了国际社会的关注。1972年6月5日,联合国在瑞典首都斯德哥尔摩举行了第一次人类环境会议,通过了著名的《人类环境宣言》及保护全球环境的行动计划,这是人类历史上第一次在全世界范围内研究保护人类环境的会议。自此以后,生态危机被视为人类继贫穷、战争等危机之后面临的又一巨大挑战。尽管如此,理论界对于生态危机内涵的研究仍然着墨不多,人们往往把它看作是一个不证自明的概念,从理论上廓清生态危机的主要内涵和基本特征尤为必要。本章拟在剖析生态危机内涵与特征的基础上,从发生学的维度考察生态危机的全球演进,以期为生态危机根源研究奠定前提基础。

一、生态危机:内涵与特征

(一)生态危机的内涵

1. 生态危机的概念辨析

从词源上看,"生态"(ecology)一词最早从古希腊语"Oikos"演变而来,代指"房屋"或"住所"。"Oikos"的原初含义体现出了一种复合型的关系结构，具有关联性、整体性的内涵。1865 年，汉斯·赖特将"logos"和"oikos"两个希腊字合并成为"oikologie"，"生态学"一词由此诞生。一年之后，德国生物学家海克尔从生物学的角度首次将"生态学"的概念界定为"研究生物体与环境之间相互关系的科学"①。从那以后，"生态"便成为了生物学领域研究生物个体的热门词汇，用以表述生物有机体在一定自然环境下的存在与演进状态。随着生态科学的进一步发展，"生态"一词逐渐超出生物学专属的领域，它所涉及的研究范畴也越来越广泛。进入 20 世纪以后，"生态"的概念被扩展应用于环境伦理学领域，"生态危机"开始步入学者们的研究视野。

何谓生态危机？有学者认为，生态危机是指由人类自己造成的环境污染对地球生态系统的破坏，包括"人口膨胀、环境污染、物种消亡、土壤侵蚀、水旱灾害和资（能）源危机等一系列问题"。② 也有学者从生态系统角度进行阐述，认为"生态危机是指地球生态系统的循环、平衡、稳定被打破，进而走向崩溃毁灭的危机"③。上述观点从不同的研究视角对"生态危机"的定义进行了深入解析，重点强调了人的实践活动对生态环境的影响，为我们更好地理解生态危机的内涵提供了很好的理论借鉴。但是，我们也应当看到，他们对生态危机的阐释并没有达成一致的共识，主要分歧在于生态危机所涵盖的范围问题。剖析生态危机的内涵既不能脱离"生态"的原初含义，即关联性、整体性的意蕴，同时也不能将这种生物体与环境之间的关系范畴过分地泛化。以人口膨胀为例，虽然人口增长会给资源环境以及人类利益造成一定的压力，但这属于社会学领域内的问题而非生态学的范畴，更

---

① Ernst Haeckel, *Generelle Morphologie der Organismen*, Reimer: Berlin, 1866, p.286.
② 王维：《人·自然·可持续发展》，首都师范大学出版社 1999 年版，第 251 页。
③ 严耕、杨志华：《生态文明的理论与系统建构》，中央编译出版社 2009 年版，第 31 页。

为重要的是,它不是生态危机产生的必要条件。因此,人口膨胀不在生态危机的所属范围之内。

另一个方面,在定义"生态危机"时应当与"环境危机"予以区分。生态和环境是两个既有联系又有区别的概念。"生态"主要指自然生态系统,即生物群落与其所处的环境形成的相互作用的统一体;"环境"则是指一般意义上的"自然环境",包括"原生环境"和"次生环境",代指在一定区域内可以直接或间接影响人类生存和发展的自然因素的总体。二者的区别在于前者"更加注重生物与环境之间关系的整体或系统方面",后者则主要表现为与人比较接近的环境方面。在明确了生态和环境相互区别的基础上,我们或许可以尝试对"环境危机"和"生态危机"的定义进行学理上的界定。笔者认为,环境危机主要是指在一定区域内由于人的实践活动而引起的环境污染和生态破坏对人类生产和生活所构成的影响和威胁;生态危机则是指人类作用于自然生态系统的失范行为而产生的一系列危及人类自身生存和发展的现象。由于生态系统内含生物体与环境之间的物质循环、能量流动和信息传递等内容,因而,除了环境污染和生态恶化以外,生态危机还涵盖了由人与自然之间不合理的物质变换而造成的资源能源枯竭问题。相比较于环境危机而言,生态危机往往更具有隐蔽性,且容易产生更为严重的后果和更加深远的影响。

需要指出的是,生态和环境的区分只是功能的区分,而不是实体的区分,在实体上它们往往是兼有的。以森林为例,森林不仅具有净化空气、降低噪声的环境功能,而且还有涵养水源、防风固沙、保持水土、保护野生动物的生态功能。因此,"生态问题"和"环境问题"、"生态危机"和"环境危机"在一定条件下是可以交互使用的。

2. 生态危机的主要表现

1987 年,挪威时任首相布伦特兰在《世界环境与发展委员会报告》中指出,人类目前面临着许多生态危机,包括地下水枯竭、土地荒漠化、物种灭绝、自然环境的破坏,危险废物的扩散等。依据生态危机的定义,大体上可以把它们划分为三大类别:环境污染、生态恶化和资(能)源枯竭。接下来,我们将结合具体数据分析这三类生态危机的主要表现。

（1）环境污染

工业革命的发展使环境污染成为一种主要的全球性生态问题。环境污染包括大气污染、水体污染、噪声污染、土壤污染、辐射污染、热污染等。以大气污染为例,人类自工业化以来向大气中排入二氧化碳等吸热性强的温室气体逐年增加,大气的温室效应也随之增强。在过去的两百年中,二氧化碳浓度增加了25%,地球平均气温上升了0.5℃。由于全球气候变暖导致的海平面上升现象,将会对人类生活产生巨大的消极影响。据相关数据显示,海平面每升高1m,全世界受灾人口将达到10亿,土地受灾面积将达到500万平方千米,1/3耕地将受影响。水污染的状况也同样不容易乐观。2019年7月,美国一个研究团队在北极附近兰开斯特海峡的四个地点钻取了18个各长2米的冰芯样本。在这些冰芯样本中,可以明显地看到各种形状和大小的塑料珠和细丝。这表明,塑料作为污染物已经远及地球上最偏远的水域。2019年,某载人潜水器甚至在近2000米的深海里发现了巨型垃圾场,数量之多令人震惊。据联合国估算,每年至少有800万吨垃圾侵入海洋,迄今为止已有1亿吨塑料倾倒进全球海洋。

（2）生态破坏

由于人类改变自然界的广度、深度和强度的不断增大,世界生态状况出现了持续恶化的局面。生态恶化主要表现为土地荒漠化、森林锐减、生物多样性减少、水土流失等方面。由于植被破坏、不可持续的农业耕作、过渡放牧和不合理地利用水资源等原因,土地荒漠化的面积正在不断扩大。2018年3月,生物多样性和生态系统服务政府间科学—政策平台(IPBES)发布的《土地退化和恢复评估决策者摘要》报告显示,地球上仅有四分之一的土地没有受到人类活动的影响,到 2050 年,这一比例预计会下降到不足十分之一。涵养水土的森林资源同样呈现出急剧锐减的趋势。"据 2015 年的统计数据,全球每分钟消失的森林相当于 36 个足球场。在过去的 50 年中,地球上大约一半的原始森林已经消失,特别是生态效益好、生物多样性丰富的热带雨林被大面积砍伐",①这对全球气候变化与氧气供应及二氧化碳的平衡造成了严重影响。受森林砍伐、草原退化、湿地干涸的影响,许多生物物种正面临着灭绝的命运。世界自然基金会(WWF)2018 年公布的《地球生命力报告》指出,全球野生动物种群数量在短短 40 年内消失了近 60%,自恐龙灭绝以来,地球上生物多样性减少比历史上任何时候都快。②

(3)资源能源枯竭

比环境污染、生态破坏更为严重的一个威胁是资源枯竭和能源短缺问题。自然资源是人类生存和发展的物质基础,它包括生物资源、土地资源、矿物资源、水资源等。在 20 世纪人口爆炸性增长之前,人类的消费率远低于地球自然资源的更新速度,但这种情况已经悄然发生了改变。在过去 50 年里,虽然人类通过技术和土地管理实践的变化使得生态承载力增加了约 27%,但它并没有跟上人类消费的步伐,人类的生态足迹——衡量我们对自然资源消耗的量尺——在同一时期增加了约 190%。③ 自然资源的快速消耗加剧了地球生态状况恶化的程度,这是因为,自然资源除了具备经济价值以外,还是生态系统不可或缺的构成要素,特定数量物质(如水或鱼类)的

---

① 范滋娉、李洲:《生态文明启示录:危机中的嬗变》,中国环境出版社 2016 年版,第 149 页。

② WWF.2018.*Living Planet Report*-2018:*Aiming Higher*.Grooten, M. and Almond, R. E. A. (Eds).WWF,Gland,Switzerland,p.90.

③ WWF.2018.*Living Planet Report*-2018:*Aiming Higher*.Grooten, M. and Almond, R. E. A. (Eds).WWF,Gland,Switzerland,p.30.

储备的减少容易造成与它相互关联系统（海洋生态系统或全球气候系统）的崩溃。与此同时，在不合理的经济增长模式以及日益膨胀地消费需求的共同作用下，能源的消耗量也在急剧增加，这使得地球现有的能源储备大幅下降。有数据显示，目前世界上的常规能源储备，石油只够人类维持半个世纪左右的发展需求，而煤炭最多也只能维持一两百年。当前，由于能源危机而引发的矛盾与冲突已经成为国际常态，对世界的持久和平构成了重大威胁。

自1987年世界环境与发展委员会关于人类未来的报告《我们共同的未来》提出至今，上述生态问题不仅没有得到根本性的遏止，而且每一个问题都在不断深化，给全球生态环境带来越来越严重地全局性影响，而这些影响不可避免地要未来时代的人类所承担。

（二）生态危机的特征

为了进一步深化对生态危机的认识，有必要对生态危机的特征展开研究。结合生态危机的内涵及表现，我们可以概括出生态危机的以下几个特点。

1. 系统性

生态危机是人类作用于自然生态系统而诱发的危机，因此，生态危机不可避免地具有生态系统的某些特性。其中，最为本质的特征便是"系统性"。生态危机的系统性主要体现在两个方面。其一，生态危机不是孤立存在的，它是整个生态系统被破坏之后体现出来的结果。生态系统具有一定的自我调节和修复能力，倘若人类实践活动超过生态系统自我调节和修复的平衡点，以致这个系统不能在恢复到它原有的正常水准时，生态系统就会崩溃并形成生态危机。所以，当某一种特定的生态危机出现时，就预示着整个生态系统的结构和功能遭受到了破坏。其二，生态危机不会以孤立的形式出现,而是会以整体的形式呈现出来。生态系统由若干个相互联系、相互依存的组成部分构成,维持生态系统的平衡主要依靠各个组成部分间的物质循环、能量流动和信息传递来实现,如果其中一个环节被破坏,业已形成的循环、传递就会受到阻碍,进而影响整个系统。也就是说,任何一种特定的生态危机的影响都是多方面的,它可能造成自然生态系统出现一系列的连锁反应。

2. 复杂性

生态危机具有复杂性的特征是由生态系统构成要素的多样性与社会系统对生态环境的多重影响所决定的。这种复杂性不仅体现在生态危机的表征上,而且还体现在生态危机的成因以及后果等方面。首先,从表征上看,生态危机的表现形式不是单一的,而是多种多样的。自然界的生态系统大小不一,每一个生态系统又由多种生物成分和非生物环境所组成,生态系统遭受到不同程度的破坏以后,生态危机往往具有多种不同的表征。它既可以表现为环境污染、气候异常,也可以表现为水土流失、生物多样性的锐减,等等。其次,从成因上看,造成生态危机的原因是复杂的。一般而言,生态危机的成因可以划分为自然因素和人为因素两大类别。而在更加重要的人为因素中,它也可能是由社会制度、价值观念抑或是其他因素共同作用的结果。最后,从后果上看,生态危机产生的危害和影响也是复杂的。以全球气候变暖为例,它不仅会造成冰川消融、海平面上升、陆地减少,而且还可能会影响植物生长,导致粮食危机。

3. 滞后性

生态危机还存在一定的时滞效应,即人类实践活动作用于自然生态系统的客观后果需要经过一定时间的持续积累方能显现出来。究其原因,主要是因为生态环境变化及其对人类生存与发展的影响,是一个由潜在到显在,由量变到质变的不断积累的过程。以臭氧层的破坏为例,地球的大气层历经几十亿年艰难地演化,才终于在几亿年前形成适合人类和所有生物生存的气体生态系统。亿万年来,大气一直保持着它的清新洁净。但自人类发展工业文明以来,向大气排放大量氮氧化物,造成了高空臭氧层的破坏和损耗,形成了面积巨大的臭氧层空洞。这种现象起初并不为人们所认知和重视,伴随着人类接受过量紫外线辐射的机会增加,与紫外线辐射相关的疾病如呼吸道系统传染性疾病、皮肤癌、白内障等在全球范围内迅速增长,人们逐渐认识到了它的危害并对造成臭氧层损耗的化学物质予以严格控制。事实上,某些特定的生态问题有时并不会以显性的形式表现出来,但是一旦它被人们所发现,可能就已经形成了较为严重的后果。在这种情况下,对生态危机的超前认识和科学预测,以及通过结构调整对生态环境中某些不利于社会系统发展的变化或有害的影响予以及时控制和消除,就显得非常重要。

4. 全面性

除了上述三个特点以外,生态危机还具有全面性的特点。一方面,生态危机已经从宏观损伤发展到了微观毒害,几乎所有领域都面临着生态威胁。由于化学工业和核工业的迅猛发展,在发达国家中,公害的重点已经由工业化早中期造成的烟尘和废弃物的污染,转变为有毒化学废料和核废料的污染。这两类污染对人类健康的损害是长期的、微妙的,并且使全球性问题的覆盖面积和辐射面越来越大。另一方面,生态危机在发展规模和影响范围上已经演变成为了涉及世界上所有民族、国家和地区的全球性问题,与全体人类的共同利益密切相关。多项研究表明,生态问题已经遍布了地球上的每一个角落,无论是人口密集的平原陆地,还是人迹罕至的高山深海,都遭受着前所未有的生态考验。换言之,生态危机正在全面的爆发。生态危机是"如此具有范围上的广阔性、性质上的深刻性和相互作用上的关切性,以致人类的任何事情都被它们打乱,而变得更加危险",①如果得不到妥善地解决,将对整个地球造成严重的、无可挽回的损失。

二、生态危机全球演进的发生学考察

从发生学的维度考察全球性生态危机的产生、发展和演变,是剖析生态危机根源的前提和基础。一般而言,生态危机直接表现为人与自然的紧张关系,人类的生产生活实践是造成自然环境破坏的直接因素。回顾生态系统紊乱、失衡甚至是崩溃的历程,我们可以发现,生态危机的全球演进大体上可划分为三个阶段:工业革命以前生态系统总体平衡;工业文明时期生态环境日趋恶化;后工业文明时代生态危机全球化。在这一历史进程中,人类对自然界的认识也得以不断深化和完善,二者相伴而生,具有极高的同步性。

(一)工业革命前生态系统的总体平衡

几百万年前,"摩擦生火"这一人类第一个与动物不同的动作标志着人类进入原始文明阶段。在原始文明阶段,人类主要依托人的身体器官和使用简易工具(作为运动器官延伸的体外工具,包括石器、木棒、弓箭等)来进行采集、渔猎等物质性生产活动。在这一阶段的物质性生产实践中,人类仅仅从自然中获取维持生存所必需的基本生活资料,而更高级的改造自然的活动尚未发生。极度低下的生产能力使得人类根本无法抵御各种盲目自然力的作用,他们时常需要忍受饥饿、极端天气以及野兽侵袭的折磨,并由此形成了对自然的敬畏与恐惧。在这种背景下,一种崇拜自然的原始宗教孕

---

① [美]詹姆斯·博特金等:《回答未来的挑战——罗马俱乐部的研究报告〈学无止境〉》,林均译,上海人民出版社1984年版,第13页。

育而生,人们把自然视为至高无上、威力无穷的主宰,日月星辰、江河湖海、飞禽走兽等一切自然事物和现象都被人类神化并加以崇拜。恩格斯曾专门对这种以超自然力量解释自然秩序的现象做过分析,他认为对于在原始社会中生存的人群而言,"自然力是某种异己的、神秘的、超越一切的东西"①。人类所有文明的民族在发展到一定阶段时,都曾经历过这种以超自然力量解释自然秩序的现象,即在其文化源流中都曾出现过关于自然力的超自然神灵形象。为了战胜无法预料和无力抵御的自然灾祸,一方面,他们以集体劳动、彼此协作的方式来应对自然界的侵袭;另一方面,他们通过祭祀等活动来表达对自然的敬畏,希望能够借此获得自然的庇佑与馈赠。这种原始宗教活动反映了原始社会的精神生产能力连同它的物质生产能力一样低下,其实质是对大自然的恐惧和依附。

尽管这一时期人类对自然的认识、开发和支配能力极其有限,但是凭借简陋的工具、坚韧的意志和不断增长的智慧,人类已经作为具有自觉能动性的主体呈现在自然面前,开始有意识地影响自然界。囿于该时期生产力发展水平的局限,人类活动对生态环境的影响可以说是微不足道的,因而,人在与自然界的互动中处于相对弱势地位。质言之,人和自然的关系就和其他动物与自然的关系一样,只能被动地适应和遵循自然规律。正是这种过于悬殊的力量对比,使得人与自然的关系在这一时期表现为一种原始的"和谐共处"。

在原始社会末期,人类对自然环境的适应能力不断提高,采集、渔猎等较为简单的生产活动已经满足不了他们越来越高级的生产和发展需求。为了应对由人口增长所带来的生存危机,人类开始通过迁徙寻找新的食物来源并且尝试建构起新的生产方式和生活方式。在这一过程中,受到生产力

---

① 《马克思恩格斯全集》第20卷,人民出版社1971年版,第672页。

发展等客观因素的限制，人类发现农业是解决生存问题的最好方式。因为，在同样的土地上，农业能够养活更多的人。因此，在一些适宜于种植的地区，越来越多的人投入到农业生产上来。直到距今一万年左右，农业种植技术的突破与铁器的推广普及使得生产力的发展实现了质的飞跃，原始农业和畜牧业开始诞生，人类由此进入了农业文明时代。农业生产方式的出现，使人类不再直接从自然界中获得生活资料，而是通过创造适当的条件种植"五谷"、果蔬及养殖家禽家畜来满足生存所必需的物质生活资料。这一创造性地实践活动从根本上改变了人类完全顺从自然的状态，标志着人类已经开始从被动适应自然转变为主动适应自然。

生产方式的进步与变革不仅增强了人类对自然利用和改造的能力，与此同时，也改变了人类对自然界认识的绝对性。在原始社会时期，人的主体地位是不存在的，往往以拜倒在自然神脚下的一个卑微的可怜形象出现。如果说，原始社会时期的人类尚是一个浑噩的自在之物，那么，在农业文明时期则有了更多的自主意识，在更为主动的农业劳动中，人类变得更加睿智，也开始主动调整人与自然的关系。在这一时期，人与自然的关系是比较微妙的。一方面，由于农业生产本质上是一种建立在自然条件之上的环境依赖型经济，因而，它既受人类社会生产力水平的制约，也深受自然条件的影响，离开一定的环境条件，农牧业便无法进行。物质生产活动与自然环境之间相互依存的关系使得人类仍然难以有效地摆脱大自然的束缚，这种直接和直观的经验感受使得生活于农业社会之中的人们被动形成了尊重自然规律、既利用自然又保护自然的生态观念。中国儒家主张的"天人合一"，道家提出的"道法自然"，佛家提倡的"众生平等"都是这种朴素生态思想的不同表述。另一方面，当赖以生存的土地难以养活越来越多的人口时，为了实现自身生存与发展的需要，人类便开始充分发挥主观能动性向自然"进军"。由于对自然规律认识不够和知识水平的局限，人类在这一时期改造自然界的活动往往伴随着很大的盲目性、随意性和破坏性，毁林开荒、围湖造田、乱砍滥伐等掠夺自然资源和破坏生态环境的行为时有发生，导致人与自然的关系出现了阶段性、局部性的矛盾与冲突，许多古文明因此衰败没落直至灭亡。正如恩格斯在《自然辩证法》中指出："索不达米亚、希腊、小亚细亚以及其他各地的居民，为了得到耕地，毁灭了森林，但是他们做梦也想不到，这些地方今天竟因此而成为不毛之地，因为他们使这些地方失去了森林，也就失去了水分的积聚中心和贮藏库。"[①]事实上，人类因征服改造自然界而破坏生态环境的恶性循环最终会反作用于自身，多个种族及其文明类型由于失去了赖以生存的家园而灭迹于地球，就是最好的例证。由于这一时期生产方式比较单一，对自然的开发和改造尚处于起步阶段，难以对大自然造成整体的毁灭性破坏，因而自然生态平衡尚能维持，并没有出现明显的生态危机。

　　从原始文明到农业文明，人类在依赖于自然界、受自然界所制约的同时，不断通过自身的努力同自然界作斗争，以获取自身生存所必需的物质资料，从而使自然打上了人的实践活动的烙印。尽管迫于生存需要，人类依靠生产方式的改进强化了对自然界的利用与改造，在一定程度上改变了自然的原初形态。但从总体上看，在工业革命爆发之前的技术社会形态，人类只是匍匐在自然的脚下抑或局限于对自然的初步开发，现代意义上的生态环境问题并未产生，人与自然的关系整体上仍然保持着和谐状态。

（二）工业文明时期人与自然的对立

　　18世纪下半叶，以蒸汽机为代表的蒸汽动力极大提高了生产效率，开创了机器大工业的生产方式。机器大生产使社会生产力获得了飞跃式的发

---

① 《马克思恩格斯文集》第9卷，人民出版社2009年版，第560页。

展,工商业取代种植业和畜牧业在人类经济活动中占据主导地位,人类社会由此从农业文明迈向了工业文明时代。与漫长的几千年农业文明相比,工业文明在短时间内创造了巨大的物质财富和科学文化成果,深刻改变了整个世界的面貌与历史,就连对资本主义审视一贯严苛的马克思恩格斯也在《共产党宣言》中盛赞了资本主义生产方式所带来生产力的大解放、大发展。他们指出:"资产阶级在它的不到一百年的阶级统治中所创造的生产力,比过去一切世代创造的全部生产力还要多,还要大。"①客观地讲,工业文明的确给人类社会带来了无以比拟的进步和繁荣,无数的汽车、飞机、轮船和难以计数的各类消费品得以生产出来并为人们所使用。可以说,这种大规模地机器使用对自然力的征服和改造,是以往任何历史时期的社会劳动都远不可及的。

然而,在工业文明伟大成就的另一面,却呈现出了触目惊心的环境污染和生态破坏样貌。在工业文明时代,人类所获取的物质财富很大程度上是建立在对自然过度攫取的基础之上,这就意味着,人类手中拥有的物质财富越多,对自然资源的消耗也就越大。与此同时,传统的工业化发展模式奉行的是大量生产、大量消费、大量抛弃的生产方式和消费方式,这种生产方式和消费方式是按照科学理性建立的,是理性知识反思性运用的结果,具有超经验和常识的特点。它的缺陷在于忽视了自然资源的再生能力,认为自然的开发可以不受约束、自然环境对废弃物的降解能力具有无限性。由此,在实践中人们便不再考虑自然再生产的因素和经济活动与消费后果对自然环境的影响,而是把自然当作是取之不尽、肆意挥霍的资源库与容量无限、硕大无比的垃圾场,从而违背了生态规律,导致人类赖以生存的基本环境受到严重威胁。

----

① 《马克思恩格斯文集》第 2 卷,人民出版社 2009 年版,第 36 页。

在工业革命的推动下,人与自然的关系也发生了根本性的转变。一方面,与农业社会自给自足的小农生产相比,现代化大生产斩断了人类对自然原有的依赖感和亲切感。在农业文明中,虽然生产力有所发展,生产工具也有所改进,但尊重和顺应自然依然是人类处理自身与自然关系的基本原则。而到了工业文明时代,工业生产对自然条件要求较间接,其产品是在自然状态下不可能出现的人工制成品,人们生存和居住条件都与特定的生态系统没有了直接联系,这使得人们在情感上逐渐疏离自然,并且感觉超越了自然。另一方面,社会生产力的发展和科学技术的革新促使人类改造自然的想法和能力倍增,人类在自然面前的主体性和能动性空前提高,自然对于人类而言不再"神秘",成为了被人类控制和征服的对象。掌握先进发达的生产力的人类,不再是匍匐在自然脚下的可怜虫,而是趾高气扬地以自然的主人自居。在主观意志改变与客观能力增强两方面因素的共同作用下,人与自然的关系已经完全异化,征服自然、改造自然的主体意识取代了尊重自然、敬畏自然的思想,曾经水乳交融式的人与自然的关系演变成了只是利用与被利用的关系。人类在这一时期成为了主宰自然的主体,以至于19世纪德国哲学家尼采面对人类改造自然所取得的空前胜利曾喊出了"上帝死了!"的口号。

当人类陶醉于对征服自然的胜利时,大自然也向人类敲响了警钟,土地荒漠化、森林锐减、水土流失、资源枯竭、环境污染、生态失衡等问题日益凸显。正如恩格斯所说:"我们不要过分陶醉于我们人类对自然界的胜利。对于每一次这样的胜利,自然界都对我们进行报复。"①从20世纪30年代开始,一系列环境公害病陆续出现在创造空前规模的物质文明并率先享受其成果的发达国家,其中,最为著名的无疑是"八大公害"事件。这些接连

---

① 《马克思恩格斯文集》第9卷,人民出版社2009年版,第559—560页。

发生在发达国家的环境公害事件,不仅对自然生态环境造成了极大危害,而且在短时期内诱发了大量民众的发病或死亡。

从渔猎文明到农业文明再到工业文明,人类在依赖于自然界的同时也逐渐呈现出分裂、对抗的状态。从总体上看,在工业革命之前,人类赖以生存的地球环境仍然保持着相对平衡的状态,人类对自然环境的污染程度尚没有超过大自然自我修复的平衡点。但是,由于工业文明时期的人类高扬主体性和能动性,地球生态环境在工业革命仅仅两百多年的时间里就遭受了空前的破坏。对此,日本著名的生态学马克思主义者岩佐茂也认为,尽管环境破坏同人类文明一道很早就出现了,但其严重化实则开始于近代,直到19世纪为止,环境破坏还仅限于局部范围,"全球规模的环境破坏可以说是从20世纪开始的"。①

(三)后工业化时代生态危机的全球化与人类环境意识的觉醒

从20世纪50年代开始,世界各国相继进入第二次世界大战之后的和平建设时期,经济与社会发展得以迅速恢复,但生态危机却开始加深,并呈现出了"全球化"的发展趋势。这主要体现在以下两个方面。

其一,伴随着人类对自然界影响深度和广度的增强,臭氧空洞、地球温暖化、热带雨林的大规模减少、土地荒漠化、海洋污染、放射能污染、固体废弃物污染等全球性环境问题问题日趋严重和突出。所谓全球性环境问题,就是指人类活动作用于地球生态系统而引发的危及人类生存发展的一系列超越国家和地区界限的环境问题,它具有波及范围广、破坏性大、持续时间长等特点。与普通的环境破坏相比,全球性环境问题的显性后果呈现较慢且表现形式更为抽象,但它带来的冲击却是世界性的,所有国家、民族以及

---

① [日]岩佐茂:《环境的思想——环境保护与马克思主义的结合处》,韩立新等译,中央编译出版社2006年版,第3页。

个人的日常生活都将受到影响。

其二,发展中国家也开始出现严重的环境污染与生态破坏的状况。从环境问题产生的地区顺序看,由于发达国家最早开始工业化进程,因而环境污染、生态失衡等生态环境问题也最先生成。但是,自 20 世纪中期以来,经济全球化的迅速发展,越来越多的国家被纳入世界经济体系。不合理的世界政治经济旧秩序使得越来越多的污染企业在世界经济产业结构大调整的过程中出现在或被转移到发展中国家。与此同时,为了加速工业化进程,许多发展中国家选择了一条与西方发达国家无异的"先污染后治理"的工业化道路,这使得原先较好的生态环境承受了巨大压力。如果说,20 世纪中期以前人与自然的紧张还只是表现为一种区域性的环境破坏,那么 20 世纪中期以后人与自然的矛盾和冲突则逐步演化成为了全球性的生态危机,对整个人类生存与发展构成了严重威胁。

1987 年,世界环境发展与委员会在其报告中指出,"每年有 600 万公顷具有生产力的旱地变成无用的沙漠,它的总面积在 30 年内将大致等于沙特阿拉伯的面积","矿物的燃烧将二氧化碳排入大气之中,造成了全球气候逐渐变暖,这种'温室效应'到下世纪初可能将全球平均气温提高到足以改变农业生产区域、提高海平面使沿海城市被淹以及损害国民经济的程度","工农业将有毒物质排入人工食物链以及地下水层,并达到无法清除的地步"。[①] 从总体上看,人类面临前所未有的生态危机已经成为全球普遍性共识。

全球性生态危机的蔓延使人们意识到,世界上所有国家和国际组织都要共同面对这一新的挑战,任何国家和地区都无法置身事外。在对工业文明的反思中,人类的环境意识和生态文明意识开始觉醒。1962 年,海洋生物学家蕾切尔·卡逊的著作《寂静的春天》在美国出版,该书利用生态循环

---

① 世界环境与发展委员会编:《我们共同体的未来》,王之维等译,吉林人民出版社 1997 年版,第 3 页。

的原理向我们讲述了为什么在春天到来的时候,我们再也听不到鸟儿的歌声。她用触目惊心的事实阐述了大量使用杀虫剂对人类以及生态系统的危害,尽管她的观点受到了生产与经济部门的猛烈抨击与诋毁,但她的坚持使人们觉察到了环境问题的严重性。这本书犹如旷野中的一声呐喊,用它深切的感受、全面的研究和雄辩的论点掀起了美国社会和公众的环境保护浪潮,成为了现代西方环境运动开始的标志。① 从 20 世纪 60 年代开始,以爱护家园、保护环境为诉求的群众性集会和示威游行在世界各地此起彼伏,全球性环境运动由此兴起。

生态运动与公民环境意识的提高二者是相互作用的,在反对产业公害与环境保护运动的直接推动下,环境权是基本人权、追求宜居舒适的居住环境等生态思想得以普及。此外,新的环境非政府组织(NGO)如雨后春笋般成立并日益发挥重大作用,环境问题从边缘地带走上了备受瞩目的政治舞台。包括联合国在内的国际组织和各国政府开始关注日益严重的生态环境恶化问题并了采取一系列应对措施,解决环境危机逐渐纳入国际组织和各国政府的议事日程。在环境运动的推动下,欧美等发达国家政府相继出台了《清洁空气法》《公害对策基本法》《公害健康损害补偿法》《濒危动物保护法》等一系列环境保护法律法规。

与此同时,在瑞典等国家的呼吁下,加强国际合作以应对跨区域环境问题被纳入联合国议事范围。1972 年 6 月,联合国在瑞典首都斯德哥尔摩举行第一次人类环境会议。会议初期,专家顾问小组起草了一份题为《只有一个地球——对一个小小行星的关怀和维护》的非正式报告,强调了环境问题对人类社会的高度重要性,对建设全球新秩序提出了建设性的意见。经过 12 天的交流磋商之后,会议正式形成了举世闻名的《联合国人类环境

---

① 参见[美]蕾切尔·卡森:《寂静的春天》,熊姣译,商务印书馆 2020 年版。

会议宣言》,呼吁各国政府和人民为维护和改善人类环境,造福全体人民和子孙后代而共同努力。会议之后,新的环境倡议不断涌现,总部位于肯尼亚内罗毕的联合国环境规划署得以建立,绝大多数国家政府纷纷开始建立环境保护部(局)。应当说,在这一时期,人类在如何认识和处理人与自然的关系上向前迈出了一大步。尽管人类在环境保护的很多领域都取得了一定进展,然而从总体上看,全球环境还在持续恶化,其中人口和经济增长是重要的原因。正如罗马俱乐部在其报告《增长的极限》中指出,发达国家的经济增长如果按照现在的状况持续下去,"从现在起大多数很重要的不可再生的资源在100年中会是极其昂贵的"[①],可持续发展是人类社会迈向安全和可持续未来的唯一可行道路。为此,联合国于1983年成立了以研究环境问题解决办法和制定长期环境政策为宗旨的世界环境与发展委员会。在该委员会的建议和推动下,联合国环境与发展大会即地球峰会于1992年在巴西里约热内卢召开。地球峰会的成功召开,使得可持续发展思想获得最高级别的政治承诺,可持续发展由理论变成了各国的行动纲领和行动计划,为人类迈向生态文明社会的建设提供了重要的制度保障。此后,可持续发展观念开始深入人心,并成为众多国家经济社会发展战略的重要组成部分,甚至成为发展的主题和脉络。需要指出的是,里约地球峰会所达成协议的履行和落实情况,总体上并没有达到预期的结果。在此后的相当长一段时期内,世界各国围绕着环境保护相继举行了可持续发展首脑会议、联合国气候变化大会等,签订了一系列协议与公约,全球环境治理又取得了一些进展但效果甚微。究其原因,这与世界各国尤其是南北国家在全球环境治理责任承担方面的巨大分歧紧密相关。

　　客观地讲,尽管全球性环境治理未能有所突破,但是坚持走人与自然和

---

① [美]丹尼斯·米都斯等:《增长的极限——罗马俱乐部关于人类困境的研究报告》,李宝恒译,四川人民出版社1983年版,第73页。

谐共生的可持续发展之路已经成为世界各国的基本共识,指引着21世纪人类文明发展的方向。从区域比较来看,这一时期人与自然的关系在全球范围内呈现出了独特的差异性景观。一方面是发达国家环境保护成绩斐然,蓝天白云、风景如画;另一方面则是发展中国家生态环境状况不断恶化,雾霾遮天,垃圾围城。如前所述,发达国家最早享受到工业文明的成果,也最早品尝工业文明所带来的环境恶化的苦果。痛定思痛,经过半个多世纪的努力,这些发达国家通过逐步转换发展方式,调整优化产业结构,并且依托第三次科技革命采取了一系列行之有效的环境治理措施,使得本国的生态环境状况得到了有效改善。而发展中国家由于工业化起步较晚,在经济增长的压迫与西方发达国家污染转移的双重影响下,正处在世界环境危机一系列错综复杂因素相互作用的交叉点,总体情况不容乐观。可喜的是,进入21世纪以来,伴随着经济增长和环境问题的日益凸显,发展中国家的环境意识提升之快是前所未有的,以中国为代表的发展中国家将生态文明建设提升为国家战略,取得了举世瞩目的成绩。

通过对生态危机全球演进的历史考察,我们可以发现,生态危机并不是自人类诞生以来就存在,人与自然的关系实际上经历了一个由原始和谐到局部矛盾再到全面冲突的过程。在这一历史进程中,每一次人与自然关系的变化,都是一次生产力的大解放、大发展。换言之,生产方式的进步与变革对人与自然关系的演化发展发挥着至关重要的作用,它直接决定了人与自然在其相互关系中所处地位的强弱,也间接影响着人类如何看待自然、如何处理人类与自然的关系。当人类在与自然的力量对比中不占优势时,人们则会被动地形成尊重自然、顺应自然的理念,这一时期人与自然的关系则会呈现出一种原始和谐的状态;而当人类拥有足够征服自然、控制自然的能力时,人类对待自然的态度极有可能会随之转变,这一时期人与自然的关系则面临着持续恶化的风险。

第二章 西方绿色思潮对生态危机根源的理论探索

生态危机根源研究是在应对全球性环境问题的现实挑战中兴起的,旨在考察和揭示生态危机背后复杂的社会利益关系,为探索实现人与自然的和谐发展提供理论释疑与实践指导。在反思环境问题的产生根源并主张重塑人与自然关系的过程中,理论界相继形成了以生态中心主义为基础的"深绿"思潮、以现代人类中心主义为基础的"浅绿"思潮和以马克思主义为基础的"红绿"思潮。它们从各自的研究视角出发,对生态危机根源进行了系统地阐发,形成了不同类型的生态文明理论。由于理论性质和所持价值立场的差异,上述思潮包括同一思潮内部的不同派别对生态危机根源的理解和看法仍然存在较大分歧。作为现今具有完整理论体系和广泛社会影响的生态思潮或学派,回顾与反思它们对生态危机根源的探索与争论,有助于我们更加清晰地把握生态危机的实质,进而深化对生态危机根源的研究。

一、人类中心主义价值观的批判与辩护:
"深绿"思潮与"浅绿"思潮的论争

尽管生态危机作为一个全球性问题只是在 20 世纪下半叶以后才开始

得以凸显,但它的累积、形成却是一个历史的过程,其成因也十分复杂。在对环境问题产生根源的分析和批判中,"深绿"思潮(动物权利论、生物中心论、生态中心论)与"浅绿"思潮(环境主义、生态现代化理论、可持续发展理论)首先应运而生,二者围绕人类中心主义是否构成生态危机的根源展开了激烈的理论交锋。

(一)"深绿思潮"对人类中心主义价值观的批评

作为环境伦理学的一种理论学派,人类中心主义在20世纪70年代以前一直是环境伦理学的主流话语。但是,在20世纪70年代以后,伴随着全球性环境危机的加剧,"深绿"思潮对人类中心主义作为环境保护的道德屏障提出了质疑和批判。在"深绿"思潮看来,生态危机的本质是人类价值观的危机,正是由于人类中心主义价值观过分张扬人的主体性,把人看作是自然的主人,并以科学技术为中介而滥用自然,从而造成了人与自然关系的紧张。具体而言,人类中心主义与生态危机的直接逻辑关系主要体现以下几个方面。

第一,人类中心主义为人类控制和征服自然提供了重要的世界观和方法论基础。"人类中心主义"是一个舶来品,它起源于西方传统的形而上学,又被称为"人类中心论"。形而上学主张"主客二分"的思维定式,在看待人与自然的关系时,往往把人作为主体与自然作为客体机械地割裂开来。自17世纪以来,只关注人类自身成为现代欧洲思想的主要病症,这种"人类例外论"价值观念在西方主流意识形态中占据了主导地位,客观上助长了人们对大自然的掠夺与征服。人的主体性不仅包括人作为认识、实践主体对客体的改造,而且也包括主体对自我的约束、控制以及对实践活动所产生结果的自省与担当。遗憾的是,人类中心主义只强调了对自然的改造,却忽视或回避了人类改造自然所应当承担的责任。

与此同时，人类中心主义所秉承的是现代主义的机械自然观，这种以力学为基础的自然观具有非常明显的缺陷，因为它完全忽视了作为一个整体的自然本身存在、发展与演化的独特性和规律性，以及自然各个部分之间复杂的有机联系。其结果往往容易导致人们对人与自然关系在认识上的片面性，无法从人与自然相统一的整体视角来认识和把握世界。通过把自然设想为一架可任意拆装的简单机器，其部分之间的联系是固定的、可精确衡量和控制的，由此培养了人们这样一种观念：自然是可以被征服的。这种价值理念客观反映了人们对自然内在复杂性的低估与对人类的认识和控制能力的高估，而支撑这种认识及其实践的主要理论基石便是人类中心主义。

第二，人类中心主义否定自然物具有"内在价值"。长期以来，"内在价值"范畴一直是人类中心主义与非人类中心主义两大伦理学派争论的焦点问题。究其原因，主要在于非人类中心主义的多数流派一直把自然物具有"内在价值"视为人类对自然负有道德义务的主要理由，这是人类中心主义所极力否定的。在人类中心主义者看来，道德主体与客体的确定应当从社会关系的角度予以考察，人类与其他自然存在物在社会属性上有着本质差异，自然只是人类改造的对象和工具，因而，其本身并无"内在价值"可言。对此，"深绿"思潮认为，人类中心主义只强调人的社会性而否定人的生物性的做法有失偏颇，作为自然界的一部分，人类是无法离开自然界而独立存在的。更为重要的是，"内在价值"并不等同于实现其他存在物的"工具价值"，而是指生命主体自身所具有的目的，包括生命有机体在生存、发育、延续和繁殖等方面的价值诉求。[1] 保罗·泰勒的上述观点与罗尔斯顿的观点具有相似性。罗尔斯顿认为，自然的"内在价值"是指"能够创造出有利于

---

① 　Paul W.Taylor, *Respect for Nature: A Theory of environment ethics*, Princeton: princetion university press, 1986, pp.121–123.

有机体的差异,使生态系统丰富起来,变得更加美丽、多样化、和谐、复杂"。① 在此基础上,罗尔斯顿依据生态科学的整体性规律进一步提出了"自然价值论"。在他看来,地球生态系统是一个不断进化的有机联系的整体,存在于这个系统中的所有生物与非生物体都具有内在价值,人类没有权利将自身的价值凌驾于自然之上。

第三,人类中心主义坚持利己主义思维方式,忽视人类知识与理性的有限性,无法正确处理人类与自然生态系统的关系。人类中心主义价值观本质上是一种利己主义伦理学,它和利己主义所遵循的是同一逻辑。在他们看来,自利是作为个体或整体的行为主体所有行为的唯一动机,行为主体只应选择那种对它有利的规则。也就是说,当人类的利益与自然生态的利益发生矛盾冲突时,人类中心主义往往只关注人类的利益,而不考虑其他生物物种的利益。这种做法在实践中是有害的,它会产生一系列人类无法有效克服的问题。一是由于人类的知识储备和理性能力具有历史局限性,因而我们无法确切地预知人类利用和改造自然的行为如一个物种的毁灭或一个特定生态系统的破坏究竟会对地球造成何种意义上的长远影响和危害。二是自然资源稀缺程度具有差异性,只看到自然存在物的工具价值必然会对它们的稀缺性进行排序,从而人为地把大自然的各个部分划分成不同等级,这将会使大自然与其自身相对立起来。三是以人的尺度对自然存在物进行了价值衡量,难以保证在当下阶段不具备资源价值的自然存在物在未来某一天会成为一种新兴的资源;反之,我们现在认为对人类有价值的存在物,从长远的观点来看未必就真的对人类有益。

第四,人类中心主义限定了道德关怀的对象和范围。在他们看来,有权

---

① [美]霍尔姆斯·罗尔斯顿:《环境伦理学:大自然的价值以及人对大自然的义务》,杨通进译,中国社会科学出版社 2000 年版,第 303 页。

获得道德关怀的只有人类这一物种,自然界中的动物、植物等非人类的生命不是人类道德关怀的对象。这种做法的依据在于,他们把人所具有的某些特征如自我意识、语言交流、理性、道德自律能力等作为能否获得道德关怀的评判标准。事实上,把道德关怀的对象固定在人类这一界限之内不仅缺乏历史的眼光,而且在具体实践中也面临着逻辑难以自洽的困境。从历史的角度而言,人类道德关怀的对象和范围是在道德进步的历史进程中不断发展扩大的。从原始社会、奴隶社会到中世纪的封建社会,再到近代社会和现代社会,道德关怀的对象经历了本部落成员、奴隶主、基督徒、白人以及每一个公民的转变。也就是说,道德关怀的对象是发展的而非固定不变的,人为地限定道德关怀的对象和范围违背了历史发展趋势。此外,人类中心主义关于道德关怀的评判标准不符合逻辑事实。人所具有的某些特征只是获得道德权利的充分条件而非必要条件,如果接受这一标准,"就意味着排除了道德关怀领域中所有'原始'文化中的人、低智能的人、婴儿、老年人、植物人,以及暂时的或永久的昏迷者"①,这显然有悖于人际伦理。另一个方面,许多人类所具有的特征包括自我意识、使用工具等等也是部分高级动物所具备的,因此,划分道德关怀的标准难以一概而论。由此看来,人类中心主义把道德关系的范围框定在人与人之间的做法既不公平,也不合乎逻辑,在本质上是一种不道德的行为。

通过以上批评,"深绿"思潮强调必须走出人类中心主义,确立"自然价值论"和"自然权利论",倡导拓展道德关怀的对象和范围,实现人与自然的和谐共处。

(二)"浅绿思潮"对"人类中心说"的辩驳

针对"深绿"思潮对人类中心主义价值观的诘难,以现代人类中心论为

---

① 雷毅:《深生态学思想研究》,清华大学出版社 2001 年版,第 23 页。

代表的"浅绿"思潮在反思近代人类中心主义价值观内在缺陷的同时,也对人类中心主义价值观进行了相应辩护。

一方面,现代人类中心论认为,人类中心主义在不同历史时期的表现形态是不一样的,其性质、内涵和主张也具有很大的差异,需要反思和批判的不是人类中心主义,而是以"征服自然"为理论核心的近代人类中心主义价值观。在他们看来,这种传统的人类中心主义由于对人类利益的极端偏爱而主张满足人的一切欲望与要求,排斥对其他物种利益的关心,必然会造成人与自然之间的疏离。因此,美国环境伦理学家诺顿、植物学家墨迪和澳大利亚哲学家帕莫斯尔等人类中心主义者强调,必须对近代人类中心主义的理论主张进行改造,使其符合现代社会发展的生态要求。

诺顿把人的心理偏好的满足限度作为价值理论的考察对象,区分出了两种类型的人类中心主义。在他看来,一种价值理论,如果主张不计后果地满足人的感性偏好,就是"强式人类中心主义"。反之,以理性偏好,即经过谨慎的理智思考以后表达的欲望或需要的满足为价值参照系,就是"弱式人类中心主义"。诺顿认为,传统的人类中心主义之所以会造成对自然的支配和掠夺,就是因为把人的感性偏好的满足奉为圭臬,只有把人的"感性欲望"改造成"理性欲望",确立起弱的人类中心主义价值观念,才能够从根本上遏制人类对自然的破坏行为。① 与诺顿不同的是,墨迪提出了"现代人类中心主义"的思想,主张承认非自然存在物的内在价值。在他看来,"人不是所有价值的源泉","自然物也拥有内在价值",现代人类中心主义没有必要排斥这种价值理念。② 尽管他仍然认为人类的价值高于其他存在物的价值,但是相比较于诺顿只承认自然之物具有"转换价值"而不具有"内在

---

① Norton. B. G, Environmental Ethics and Weak Anthropocentrism. *Environmental Ethics*, Vol.6, No.2,1984, pp.131–138.

② 墨迪著、章建刚译:《一种现代的人类中心主义》,《哲学译丛》1999 年第 2 期。

价值"而言,他对传统人类中心主义的改造显得更为深彻。帕莫斯尔则进一步提出了"开放的人类中心主义"的观念,强调人类应该自觉地"与自然和解"、"做自然的朋友",避免对自然资源的滥用,最终建立一种和谐相处的新型关系。

另一方面,现代人类中心论强调,改造传统人类中心主义并不意味着彻底抛弃人类中心主义,这既不现实也无可能。其一,人类中心主义的某些要素是无法克服的。英国学者蒂姆·海华德认为,"伦理原则的存在价值是对人的行为进行规范性的引导,它的制定必须以人作为参照系",①这也就间接决定了我们在拓展道德关怀对象时,往往会首先考虑那些与人类具有相似性的存在物。其二,许多应当加以谴责的破坏环境的态度和行为如偷猎、破坏森林等,完全不能冠以人类中心主义的名称,这种行为只有少数人实施,且被其他人反对。因为这类行为而批评一般意义上的人,实际上是掩盖了问题的实质,这将会使问题的解决变得更为困难。

在此基础上,"浅绿思潮"反对把生态危机的根源归咎于人类中心主义价值观及其科学技术运用,强调人口过快增长、现代技术的大规模使用和对自然资源的无偿使用才是生态危机的真正根源。

"浅绿"思潮认为,人口的快速增长是造成生态危机的原因之一。1968年,美国生物学家保罗·艾利希出版了第一部研究人口过剩与环境危机关系的著作——《人口炸弹》。该书的出版使得人口问题再次成为社会关注的焦点,并在 20 世纪 60 年代末期进入环境问题研究的核心论域。在他看来,当前世界的人口已经呈现出爆炸性增长的趋势,一旦地球人口的总量超出自然界的可承载负荷时,就会对自然和人类自身形成威胁。② 究其原因,

---

① Tim Hayward, *Political Theory and Ecological Values*, Cambridge, UK: Polity Press, 1998, p.50.

② Paul Ehrlich, *The Population Bomb*, New York: Ballantine, 1968, p.23.

主要在于人口的过快增长会给自然资源的消耗以及环境破坏带来巨大压力。众所周知,人类生存的第一个前提是物质生活需要的满足,人口的增加势必要求创造更多的生活资料以维持人类的基本生活需要。然而,要创造更多的生活资料就必须向自然界索取更多的资源。但是,地球上的自然资源显然不是无限的,人口的过快增长会导致自然资源的快速耗费并引发相应的环境破坏问题,包括土地退化、砍伐森林、围湖造田造地等。正如罗马俱乐部创始人奥力雷奥·佩西所说,人口过剩不仅会使目前存在的一切问题(包括生态问题)变得更为严重,"同时也是增加大量新问题的原因所在"①。马尔萨斯也认为,土地为人类生产物质生活资料的能力远低于人口的增殖力,"人口不加抑制,将按照几何级数增长,而生活资料仅以算级数增长"②,这不仅是造成社会贫穷的原因,也会在无形中加剧人与生存环境关系的紧张。

"浅绿"思潮把现代技术的大规模使用看作是生态危机产生的另一个根源。自工业革命以来,科学技术因其蕴含的巨大物质力量而备受人们的推崇,但伴随着它在应用过程中所暴露出来的一系列重大问题,人们对待科学技术的态度也开始由盲目崇拜转变为理性审慎。科学技术通过应用进入生物圈循环以后,对地球生态系统产生了重要影响,因为技术变革使得洗涤剂替代了肥皂、人造化肥替代了有机农家肥料或植物轮种、合成纤维替代了棉毛织品,许多对环境具有显著影响的化学制品在改变人们生活的同时也逐渐破坏了地球的生态平衡。在美国生态学家巴里·康芒纳看来,并不是技术存在的某种缺陷导致了生态问题的产生,现代技术以满足经济增长为追求目标进而忽视生态上的要求,才是造成生态危机的根源。也就是说,现

---

① [意]奥力雷奥·佩西:《未来的一百页:罗马俱乐部总裁的报告》,中国展望出版社1984年版,第49页。

② [英]马尔萨斯:《人口原理》,杨菊华、杜声红译,中国人民大学出版社2018年版,第4页。

代技术在生态上的失败源于其不合理的既定目标,"为什么浪费能源和污染环境的新技术一直在被应用的道理,是每一个企业家都懂的——它们比旧的被替代的技术更能获利"①。康芒纳的观点得到了许多生态学家的赞同,德国学者约瑟夫·胡伯也认为,当前的主要问题就在于工业系统将社会圈和生物圈奴役了,这个问题正是工业系统的结构设计失误所致,必须通过技术圈进行生态社会性重建来加以克服。② 作为联系工业社会与生态系统的中介,技术往往是中立的,把客观的技术工具作为生态危机的替罪羔羊显然有悖常理。

　　除了人口增长、技术应用以外,"浅绿"思潮认为,自然资源的无偿使用也是导致生态危机发生的另一原因。一般而言,自然资源的消耗与生态环境的破坏往往是相伴而生的,对自然资源的过度攫取往往容易造成环境破坏和生态失衡。在此意义上,"浅绿思潮"强调,生态环境问题之所以日益突出,很大程度是因为人们把自然资源当作是上帝无偿的馈赠进而不计后果地肆意掠夺和开发造成的,一旦人类超出地球生态系统承载能力的限度去使用生态系统所提供的资源时,生态系统就会发生退化。1968 年,英国生物学家加内特·哈丁提出了著名的"公地悲剧"寓言。他指出,假如有一片对所有人开放的牧场,每一个人都有使用权利并且没有权利阻止其他人使用,在这种情况下,每一位放牧人都将会为了增加个人收益而在公地上放牧尽可能多的牛羊,如此一来,最终的结果便是牧场渐次枯竭,泥土成浆,悲剧发生。③ 显然,牧民把公有的牧场(环境)当成了一整套"免费的"货物,

---

　　① ［美］巴里·康芒纳:《封闭的循环:自然、人和技术》,侯文蕙译,吉林人民出版社1997 年版,第 5 页。

　　② Cf.Gert Spaargaren & Arthur P.J.Mol, Sociology, Environment, and Modernity: Ecological Modernization as a Theory of Social Change, *Society and Natural Resources*, Vol.5, 1992, p.355.

　　③ Garrett Hardin:The tragedy of the commons, *science*, Vol. 162, No.3859, 1968, pp. 1243 - 1248.

而忽视了其个人行动的社会成本,实际上,土壤的磨损与损耗是由全体成员分担的(它们被"外部化"到整个社会)。尽管"公地悲剧"的假设具有一定的争议,但它却告诉了人们这样一个显而易见的道理:在如此之多的人群(国家)为了私利而用以自肥的情况下,地球的共有资源便会日益退化,而每个人在无意之中或是在不情愿中就分担了这一成本。也就是说,如果我们把自然界当作是满足人们私利的工具,那么生态危机恶化的代价和后果将会由每一个人承担。对此,生态现代化理论的创立者马丁·耶内克倡导将自然资源私有化并推向市场,以避免"公地悲剧"的上演。

基于上述观点,"浅绿"思潮把生态危机看作是资本主义发展阶段的一个暂时性的现象,主张在不触及生产关系和社会制度的前提下,通过控制人口增长、发展绿色科技以及将自然资源市场化来解决生态危机。

(三)对"深绿思潮"与"浅绿思潮"争论的评析

应当指出,"深绿"思潮与"浅绿"思潮围绕生态危机根源的争论反映了人们对人与自然关系恶化成因的不懈探索,它集中凸显了人类对近代工业革命以来张扬人的主体性的某种反思,这是非常值得肯定的。与此同时,我们也应当看到,二者的论争还存在一定的缺憾与不足。

其一,对"人类中心主义"言说层次的"错位"导致了许多不必要的误解和思维混乱。一般而言,人类中心主义主要有三种意义上的不同内涵,即生物学意义、认识论(事实描述)意义和价值论意义上的人类中心主义。在人类中心主义与非人类中心主义的争论中,主张人类中心主义的学者基本上都是在第一和第二种意义上来使用人类中心主义一词,而主张超越人类中心主义的人则是在第三种意义上来使用人类中心主义一词。缺乏对人类中心主义型态的必要区分与内涵界定导致不同理论学派之间的争论并不在同一层次上。实际上,在生态危机根源的阐释问题上,人类中心主义适用的范畴是人与自然的关系领域,主要用来表述人类对于自然的价值取向。因此,"非人类中心主义反对的是价值论意义上的人类中心主义"①,即把人看作是唯一具有内在价值的存在物,一切以人为尺度,为人的利益服务。相应地,人类中心主义对于这种质疑与批判也只能从价值论的角度来予以回应,而不能从生物学意义上或认识论意义上的人类中心主义来进行辩答。

其二,人类中心主义与非人类中心主义对生态危机根源的认知仍然有待商榷。人类中心主义与非人类中心主义的争论表明,在这一时期人们对人与自然关系恶化成因的探寻还只是停留在思想认识层面,"它们的共同点是把生态问题看作是一个价值观的问题"②,即二者都认为生态危机在本质上是一种价值观的危机。客观地讲,人类中心主义与非人类中心主义对生态危机成因的这种认识具有积极的一面,但这种认识并未深入生态危机根源的本质,因为近代人类中心主义价值观虽然会对自然环境产生一定影响,但二者没有必然联系。换言之,近代人类中心主义价值观只是生态危机的充分非必要条件,而非充要条件。此外,从现实可能性来看,通过价值观的调试如建构现代意义上的人类中心主义价值观,并不能确保人与自然的紧张关系能够得以缓和以实现人与自然的和谐相处。这是因为,人与自然的关系在本质上反映的是人与人、人与社会的关系,寄希望于在不变革资本主义制度和生产方式的条件下通过价值观念的转变与科学技术进步来消除生态危机,这无异于缘木求鱼,其结果必定会遭遇挫折和失败。

其三,人类中心主义与非人类中心主义对人与自然关系的探讨仍然残存着主、客二分的痕迹,缺乏整体主义的视角和思维。就其表现而言,主张人类中心主义者往往倾向于从主体一极(人)来考虑人与自然的关系,而非

---

① 杨通进:《环境伦理:全球话语中国视野》,重庆出版社 2007 年版,163 页。

② 王雨辰:《当代生态文明理论的三个争论及其价值》,《哲学动态》2012 年第 8 期。

人类中心主义者则倾向于从客体一极(自然)来考虑人与自然的关系,这种思维模式实际上割裂了人与自然相互依存的统一性。尽管现代人类中心主义在反思近代人类中心主义价值观内在缺陷的意义上已经取得了较大的进步,它强调把自然看作有自身价值的"有机体",主张构建人与自然和谐相处的新型关系。但是,需要指出的是,这种新型关系的确立仍然是以满足人类自身利益要求为前提和目的的,在客观上仍然无法跳出"人类中心主义"的窠臼。在如何看待人与自然关系的问题上,马克思主义哲学的自然观与历史观对于我们正确认识人类中心主义具有重要的启示意义。一方面,人类一切实践活动及其结果总是以劳动对象的必要丧失、甚至破坏为代价的,生态问题作为人类实践活动的副产品具有一定的历史必然性,加之社会历史条件的局限,人类不可能完全预见自己活动的全部后果。因此,对人类中心主义的反思应当以肯定其在创造近代人类文明中的革命性作用为前提,不能一概而论。另一方面,我们应当清醒地认识到,人与自然在本质上是生命共同体,它们在生存发展方面具有不可分割、相互依存的一体性利益关系,以人类中心主义思维来看待生态伦理不仅会对自然产生伤害,最终也会伤及人类自身。因此,必须树立整体主义思维,通过合理的物质变换谋求人与自然的和谐发展。

二、"第二重矛盾"抑或"新陈代谢断裂":生态学马克思主义的探索与分歧

与传统绿色思潮将生态危机的根源归咎于价值观念不同,兴起于20世纪70年代的生态学马克思主义学派明确表示,资本主义制度及其生产方式才是生态危机的根源。在他们看来,"深绿"思潮与"浅绿"思潮局限于从价值观层面来探究生态危机根源的做法无异于隔靴搔痒,对生态危机起决定

性作用的阶级剥削、通过危机来进行资本主义积累、资本主义的不平衡发展、民族主义的斗争以及其他许多相关的主题都处于缺失状态。生态学马克思主义通过挖掘或重建历史唯物主义的生态文明理论，主张从生产方式、科学技术以及消费异化等多个维度阐明资本主义社会生态危机的成因。经过几十年的发展，该学派相继涌现了威廉·莱易斯、安德列·高兹、本·阿格尔、戴维·佩珀、詹姆斯·奥康纳、约翰·贝拉米·福斯特、布雷特·克拉克等代表性人物，在国际上产生了重要影响。然而，即便如此，在生态学马克思主义学派内部仍然存在着较大的分歧，以奥康纳和福斯特为首的不同阵营在 21 世纪初围绕着马克思与生态的关系、资本主义"第二重矛盾"与"新陈代谢断裂"何者才是生态危机根源、生态学马克思主义需要怎样的唯物主义和辩证法等问题展开了激烈争论。鉴于研究主题的相关性，本节将集中对第二个焦点问题展开详尽评介。

（一）奥康纳的"第二重矛盾"理论

作为生态学马克思主义发展进程中第一阶段和第二阶段的代表性人物，奥康纳与福斯特分别以"生产条件"和"物质变换"为核心范畴建构起了资本主义"第二重矛盾"理论和"新陈代谢断裂"理论，创立了各自的生态学说。由于研究范式的差异，二者在阐释资本主义生态危机形成根源的问题上有着不同的学术观点。

奥康纳认为，当今世界的资本主义社会蕴含着经济与生态的双重危机，而这双重危机来源于"双重矛盾"。资本主义社会存在"双重矛盾"是奥康纳对经典马克思主义的社会基本矛盾理论进行"改良"之后得出的结论。在这里，奥康纳指称的"第一重矛盾"是指马克思所提出的生产力与生产关系之间的矛盾。在奥康纳看来，这一矛盾深刻揭示了资本主义经济危机形成的内在机理，毫无疑问，他们"是研究由资本主义的发展所导致的社会动荡问题的重要理论家"①。然而,马克思恩格斯所留下的只是一种政治经济学或生态经济学的朴素遗产,尽管他们都清楚地意识到了资本主义对资源、生态及人类本性的破坏作用,但无论是马克思恩格斯还是后来的马克思主义者都没有把生态问题视为中心问题,并将其融入于历史唯物主义理论之中。基于此,奥康纳强调,"资本主义的第二重矛盾"可能是帮助我们客观分析和反思全球性生态问题的一条重要理论路径。

那么,何为"资本主义的第二重矛盾"?在奥康纳看来,当代资本主义社会除了存在生产力与生产关系之间的第一重矛盾外,还存在着资本主义的生产力和生产关系与其生产条件(社会再生产的资本主义关系及力量)之间的第二重矛盾。其中,"生产条件"是奥康纳建构第二重矛盾理论的核心概念,"它并不是作为商品,并依据价值规律或市场力量而生产出来的,但却被资本当成商品来对待的所有东西"②,即"虚拟的商品"。在生产条件的具体区分问题上,奥康纳沿用了马克思的观点,将生产条件划分为以下三种类型。第一种是人类劳动力再生产的"个人生产条件";第二种是"外在自然的生产条件",如森林、油田、鸟类物种等;第三种是"一般性公共生产条件",即自然的和社会的基础设施,譬如交通道路、教育等。奥康纳强调,出现第二重矛盾的根本原因在于,个体资本为了维持和恢复利润,往往会从经济维度上对上述具有公共性和社会性的生产条件包括自然环境等进行不计后果的利用甚至是摧残,进而将企业的私人成本外化成为社会成本。企业的这种逐利性行为是由资本的自我增殖和扩张的本性所推动的,它不仅会严重破坏资本自身的生产和再生产的条件,最终抬高马克思所说的"资本要素的成本",而且会带来自然资源的快速耗费和衰竭,造成日益严重的生态

① [美]詹姆斯·奥康纳:《自然的理由——生态学马克思主义研究》,唐正东、臧佩洪译,南京大学出版社 2003 年版,第 198 页。

② [美]詹姆斯·奥康纳:《自然的理由——生态学马克思主义研究》,唐正东、臧佩洪译,南京大学出版社 2003 年版,第 486 页。

危机。这种情况的发生形式有很多,比如资本对"城市改造工程"的操纵不仅会损害城市自身的条件,而且将迫使人们承受拥挤的交通和高价的地租;农药的生产在破坏自然界的同时,也会损害人的身体健康;有毒物质对地下水的污染和土壤的侵蚀降低了作为生产物质条件的水、土壤的可利用性,等等。伴随着全球化进程的加速与推进,由资本主义生产条件的破坏所引起的生态后果已经对自然界构成了严重威胁,土壤的污染、森林的砍伐、旱灾和干旱化、以及矿产资源的衰竭等现象在全球范围内时有发生。对此,奥康纳认为,被资本所裹挟和控制的自然界扮演着"水龙头"和"污水池"的双重角色。"水龙头"是指资本主义生产者把自然界当作是取之不尽的"资源库",疯狂地向自然界攫取宝贵的自然资源;"污水池"则是指企业生产者将自然界看作是容量巨大的"垃圾场",肆意地向自然界排放有害物质和废弃物。

与此同时,当资本破坏了它自身的生产和积累条件,并由此潜在地破坏了它自身的利润时,也就建构起了社会和政治上的反对力量,各种反对损害生产条件的社会斗争和以终止对生态的破坏为宗旨的环境运动此起彼伏便是最好的佐证。政府应对和解决各种环境问题以及由此衍生的政治运动的开支将大幅增加,这样势必会造成资本主义生产条件的供给不足,从而引发生产不足的经济危机。简言之,在生产力、生产关系和生产条件三者的共同作用下,今天的资本主义社会同时面临着第一重矛盾和第二重矛盾。需要指出的是,奥康纳虽然肯定马克思提出的第一重矛盾在分析资本主义经济危机时的合理性,但他更偏向于认为第二重矛盾在资本主义社会中占据主导地位。因为在他看来,资本在损害和破坏其自身的生产条件时,会致使资本主义社会陷入一种生态危机与经济危机相互影响和作用的恶性循环的怪圈,"所以资本主义生产关系具有一种自我毁灭的趋势"①。

---

① [美]詹姆斯·奥康纳:《自然的理由——生态学马克思主义研究》,唐正东、臧佩洪译,南京大学出版社 2003 年版,第 331 页。

（二）福斯特的"新陈代谢断裂"理论

福斯特对生态危机产生原因的分析与奥康纳不同,他反对历史唯物主义理论存在生态学空场的观点,主张从马克思的理论文本出发,深入挖掘其经典著作中蕴含的生态思想。正是通过对马克思生态思想的系统研究,福斯特发现了隐藏其中的"新陈代谢断裂"理论。借助于这一理论,福斯特深刻揭示了资本主义制度与生态危机之间的内在逻辑关联。

关于马克思与生态学之间的关系,一直以来是学界富有争议的一个话题。但在福斯特看来,马克思的历史唯物主义理论本身蕴含着丰富的生态思想,这种思想的萌芽最早可以追溯至其博士论文[①],而真正实现唯物主义自然观和历史观的完整结合,则体现于他成熟的政治经济学理论之中。通过对《资本论》等理论著作的细致考察,福斯特发现,"新陈代谢"[②]的概念在马克思生态思想的孕育过程中发挥了关键性作用。1815年,"新陈代谢"一词首次出现并被生理学家们用以表示身体内与呼吸有关的物质交换。到了19世纪40年代,德国化学家李比希从生理学以及农业化学等角度引用了"新陈代谢"的概念,使得这一词汇的应用范围得到进一步扩展并逐渐流行起来。从那以后,"新陈代谢"的概念成为了人们研究有机体与它们所处环境之间相互作用的主要范畴,用以阐释一种特殊的调节过程,即有机体与其环境之间复杂的相互交换。福斯特认为,受李比希等人的影响与启发,马克思开始将"新陈代谢"的概念应用于"社会生态关系"之中,从而使"新陈

---

① 马克思的博士论文《德谟克利特和伊壁鸠鲁自然哲学的差异》研究表明,马克思试图从实际上是神学观的德国唯心主义哲学中解脱出来,开始关注脱离精神的包括自然界的外部世界,从而为其唯物主义自然观的形成奠定了思想基础。

② "新陈代谢"(德语是 stoffwechsel,英语是 metabolism),在中译本《马克思恩格斯全集》中有两种译法,分别是"新陈代谢"和"物质交换"。

代谢"的概念具备了"生态意义"和"社会意义"的双重内涵。① 生态意义层面的"新陈代谢"是指"自然和社会之间通过劳动而进行的实际的新陈代谢相互作用",也就是马克思所说的"劳动过程",用以表示劳动中人与自然之间的能量和物质交换;社会意义层面的"新陈代谢"则是从广义上使用的,"用来描述一系列已经形成的但是在资本主义生产条件下总是被异化地再生产出来的复杂的、动态的、相互依赖的需求和关系"。②

在明确了马克思视阈下"新陈代谢"概念的基本内涵之后,福斯特进一步考察了马克思所揭示的资本主义社会"新陈代谢"断裂的具体表现。在这个问题上,马克思首先分析了由人与土地之间的物质变换断裂所引起的"土壤肥力衰竭"问题。马克思认为,土壤肥力衰竭的原因主要有两个方面。一是人们"以衣食形式消费掉的土地的组成部分不能回归土地,从而破坏土地持久肥力的永恒的自然条件"③。二是远距离贸易加剧了土地营养成分如氮、磷、钾等的流失。在马克思看来,"新陈代谢"断裂的另一个表现还包括"城市污染"问题。马克思在《资本论》中曾强调,作为自然界完整地新陈代谢循环的重要部分,人类社会的生产排泄物和消费排泄物(人的自然排泄物以及消费品消费以后残留下来的东西)都应当通过再利用返还到土壤中去,其中,消费排泄物对农业最为重要。然而,令人感到遗憾的是,这一要求非但没有实现,而且还给城市造成了严重的污染问题,"在伦敦,450 万人的粪便,就没有什么好的处理方法,只好花很多钱用来污染泰晤士河"④。总而言之,土壤肥力的衰竭以及自然条件的物质异化进一步加剧了资本主义对自然的剥削。

---

① J.B.Foster, The Ecology of Destruction, *Monthly Review*, Vol.58, No.9, 2007, p.10.
② ［美］约翰·贝拉米·福斯特:《马克思的生态学——唯物主义与自然》,刘仁胜、肖峰译,高等教育出版社 2006 年版,第 175 页。
③ 《马克思恩格斯文集》第 5 卷,人民出版社 2009 年版,第 579 页。
④ 《马克思恩格斯文集》第 7 卷,人民出版社 2009 年版,第 115 页。

在此基础上,福斯特还考察了马克思关于资本主义社会出现"新陈代谢"断裂的原因分析。福斯特强调,在马克思之前,有许多学者包括李比希等人都对当时资本主义社会存在的土壤肥力流失以及农业危机等问题进行了探索,他们的探索与分析促进了马克思对这一问题更为深刻的洞察。在福斯特看来,与上述学者的研究视角不同的是,马克思对于"新陈代谢"断裂根源的分析始终没有脱离资本主义制度这一主线,只是在不同阶段的侧重点有所差异。

在19世纪四五十年代,马克思对"新陈代谢"断裂的关注内容主要是"土壤肥力衰竭"问题。因而,马克思在这一时期对于资本主义制度的批判主要集中于城乡之间的对立与分离和产品的远距离贸易。例如,马克思曾经指出,资本主义生产使聚集在城市的人口越来越多,它在凝聚无产阶级革命力量的同时,"另一方面又破坏着人和土地之间的物质变换"①。

而到了19世纪五六十年代,人们在土壤化学上所取得的重大成就并没有从根本上缓解资本主义农业的危机,这使马克思意识到,造成土壤肥力衰竭的根本原因不是城乡分离和远距离贸易,而是资本主义私有制和不可持续的生产方式。资本主义的大土地私有制决定了资本主义农业不可能以一种理性方式来加以经营,这是由私有制的逐利本性所决定的。而城乡之间的对立和分离以及产品的远距离贸易是资本主义生产方式和私有制发展到一定阶段的必然结果。在马克思看来,工人与其作为生产条件的自然即土地相分离是资本主义生产方式确立的前提,这种分离只是在雇佣劳动与资本的关系中得到完全的发展。因为只有切断工人(主要来源是农民)与土地之间的联系,才能够使失去土地的农业人口集中到各大中心城

① 《马克思恩格斯文集》第5卷,人民出版社2009年版,第579页。

市,补充维持资本主义工业发展壮大的劳动力平衡。与此同时,资本主义生产发展到一定阶段必然要求扩大世界市场,这"使一切国家的生产和消费都成为世界性的了"①,因而,产品的远距离贸易也是不可避免的。应当说,在这一时期,马克思对于"新陈代谢"断裂原因的分析已经深入本质,并且开始将这一问题的视域拓展到了整个社会自然物质条件的异化问题。

再到了19世纪六七十年代,伴随着马克思对资本主义生产关系研究的深入,马克思已经开始从资本与生态对立的角度展开对"新陈代谢"断裂的原因分析。此时,马克思对于资本主义私有制和"新陈代谢"之间相互联系的研究更加具体化,而不再局限于原则性的一般描述。马克思认为,资本主义是一种把以资本的形式积累财富视为社会最高目的的经济和社会制度,在资本原则的支配下,资本主义生产的真正目的不是为了满足人们的需要,而是为了不断创造剩余价值以获取利润,这必然会导致自然的异化,进而造成自然与社会"新陈代谢"的断裂。

基于上述分析,福斯特总结道,自然和社会之间之所以会出现新陈代谢的断裂,其根源在于马克思所说的资本主义私人财产制度与不合理的资本生产模式,"而且实际上就是它的一种逻辑结果"②。质言之,资本主义制度与生态之间的内在矛盾决定了资本主义不可能实现可持续性发展,因此,为了超越资本主义得以建立的对自然的异化形式,进而消除新陈代谢断裂问题,就必须展开一场与工业革命和社会革命同等重要的环境革命。在这场环境革命过程中,不仅需要推翻资本主义对劳动进行剥削的特定关系即资本主义生产关系,而且还需要通过使用现代科学和工业方法以合理地调整

---

① 《马克思恩格斯文集》第2卷,人民出版社2009年版,第35页。
② [美]约翰·贝拉米·福斯特:《马克思的生态学——唯物主义与自然》,刘仁胜、肖峰译,高等教育出版社2006年版,第193页。

人和自然之间的新陈代谢关系。关于社会革命与环境革命的关系,福斯特认为,"环境革命要以阶级斗争为基础和前提"①,也就是说,只有彻底推翻资产阶级政权,建立民主社会主义国家,实现共产主义,才能够真正实现自然—人—社会之间的和谐共处,保证自然生态系统的良性运行。

(三)奥康纳阵营与福斯特阵营的两次论战及其评析

福斯特关于生态危机根源的分析引起了奥康纳等学者的关注,在双方论战的第一回合,以奥康纳为首的阵营首先开始"发难",他们从三个方面对福斯特的"新陈代谢"理论提出了质疑和批判。

一是福斯特把生态思想等同于对"新陈代谢"的分析,简化了对生态思想的理解。艾伦·鲁迪指出,由福斯特创立的"新陈代谢"理论解决了农村与城市之间、自然与社会之间的生成性张力问题,是非常值得肯定的,但是,福斯特忽略了社会和生态的多样性,没有考察科学、文化等基础性因素的影响,这使得他简化了资本主义社会对自然的剥削。二是福斯特在新陈代谢断裂的理论分析中忽视了对一般公共生产条件和国家的关注与研究。鲁迪强调,马克思的理论著作中存在着关于一般公共生产条件的大量论述,它与新陈代谢断裂一样同劳动异化、城乡分离、人与自然的异化等主题密切相连,然而,福斯特在为自然辩证法正名的过程中有矫枉过正之嫌,没有考虑到一般公共条件等问题在探讨生态危机的社会根源时所具有的地位和作用。② 三是福斯特试图用马克思主义生态学取代当前影响日益广泛的西方绿色理论的做法缺乏现实可能性。乔治·克沃尔认为,从生态社会主义实践的角度看,福斯特对建构未来社会起关键性作用的生产资料所有制、文化

---

① John BellAmy Foster, It is Not a Postcapitalist World, Nor is it a Post‐Marxist One, *Monthly Review*, Vol.54, No.6, 2002, p.42.

② Alan Rudy, Marx's Ecology and Rift Analysis, *Capitalism Nature Socialism*, Vol.12, No.2, 2001, pp.56‐63.

力量等问题没有引起足够重视,由此所带来的问题是生态政治运动的主体力量无法集聚,这就注定了它不可能找到生态政治运动的现实革命途径。①

基于福斯特理论中存在的上述缺陷,马通·卡迪特等人公开宣称,资本主义自身的变化与发展以及科学技术的进步已经使得福斯特关于马克思生态学思想的分析失去了对当今现实的解释力。②

针对上述学者的批判,福斯特委托保罗·伯克特为代表作出了回应。伯克特认为,鲁迪等人对福斯特"新陈代谢断裂"理论的认识存在两大误解:一是错误地认为福斯特将马克思的生态思想等同于"新陈代谢断裂";二是错误地认为福斯特忽视了作为一般生产条件的外在自然界的作用。伯克特对此进一步分析指出,福斯特只是将马克思所揭示的"新陈代谢断裂"作为一种理论方法来剖析包括城乡对立、分离在内的资本主义生态问题,并没有在价值判断上将马克思的生态思想与"新陈代谢断裂"理论划上等号。与此同时,伯克特强调,尽管福斯特的论述中强调了自然条件遭受破坏的生态问题是由资本为了缩短生产时间而忽视自然规律造成的,但他并没有假定自然作为使用价值的生产者是"被动的",恰恰相反,福斯特认为作为生产条件的外在自然界具有"积极"作用。在伯克特看来,鲁迪等人之所以会对福斯特的"新陈代谢断裂"理论存在诸多误解,主要是因为他们没有从本体论和方法论的角度去认识该理论的重要价值,而是采用了一种嫁接和拼凑的方法来对福斯特的理论分析做批判性的解读,最终造成了他们在理论认识上的偏见和谬误。③

---

① Joel Kovel, A materialism worthy of nature, *Capitalism Nature Socialism*, Vol. 12, No. 2, 2001, pp.73–84.

② Maarton Kadt, Salvatore Engel-bi Mauro. Failed Promise, *Capitalism Nature Socialism*, Vol. 12, No.2, 2001, pp.50–56.

③ Paul Burkett, Marx's Ecology and the Li-mits of Contemporary Ecosocialism, *Capitalism Nature Socialism*, Vol.12, No.3, 2001, pp.126–133.

在论战的第二回合,福斯特在回应奥康纳等学者批评的同时,开始变被动为主动,把论战的焦点转移到奥康纳的资本主义第二重矛盾理论上,他从概念分析、理论目的和实践后果三个方面阐述了该理论所面临的诸多困境和限制。

福斯特认为,奥康纳在资本主义第二重矛盾理论中提出的核心概念——"生产条件",只是资本主义的生产条件,它没有囊括生产条件之外却受到直接或间接影响的自然界中的其他内容,因而,以此来分析全球性生态问题的社会根源时难免会形成以偏概全的结论。对此,福斯特举例指出,外在于资本主义生产条件的臭氧层每天都为自然界的所有生物提供着免受紫外线辐射伤害的保护,但这并不意味着臭氧层没有受到资本积累的侵害,恰恰相反,它已经变得非常稀薄。这表明,当我们把生态调节目光仅仅聚焦于资本主义"生产条件"内部时,实际上全部自然就被遗忘了。换言之,奥康纳理论视域中的"生产条件"概念只是把自然作为资本主义经济的一种前提条件,而不是全部生命和社会历史的前提条件,这与唯物主义历史观不相吻合。

在福斯特看来,奥康纳创立资本主义第二重矛盾理论的目的在于阐述这样一个"可能"的事实:一旦生态破坏转化成资本主义的生态危机并进一步演化为经济危机时,某种反馈机制就会起作用。这种机制通过以下两种尝试而显示出来,一种是通过资本抑制与其生产条件的破坏有关的日益增长的生产成本的直接尝试;另一种是通过社会运动迫使这种制度将外部性内部化的间接尝试。两种尝试都将资本推向更加生态的可持续生产的方向。对此,福斯特提出了两点质疑。其一,生态问题并不必然会引发经济危机。从逻辑上讲,原材料成本以及自然稀缺的其他成本的增加,可能会损害利润率,并产生经济危机。然而,很少有证据表明,这种成本对当今积累制度整体产生了诸多严重地无法克服的障碍。也就是说,资本主义的主要经济危机仍是由第一重矛盾决定的,奥康纳所指称的第二重矛盾在资本主义社会中占据主导地位的说法并不能够成立。其二,从资本主义整体而言,不存在这样一种自然反馈机制。福斯特指出,资本主义制度只有在最后一棵树被砍掉的时候——而不是之前——才能够发现钱不能当饭吃。在此意义上,人类必须抛弃对资本主义自我调节的各种幻想,决不能低估资本主义在无耻的生态破坏当中的积累能力以及将地球继续破坏到对人类社会和世界上多数生物而言无任何回馈的能力。①

从实践后果上看,福斯特认为,如果我们将目光仅仅局限于生产条件和资本主义的第二重矛盾,那么,当把资本主义的一切因素都纳入特定经济危机理论的分析框架时,就会在思想认识上弱化资本主义对环境的全面影响。承认资本主义第二重矛盾的主导地位,势必会导致人们在探讨经济危机原因时忽视资本主义体制内部的或阶级对抗的因素,从而割裂阶级运动与新社会运动之间的内在联系,在理论上放弃马克思主义的阶级分析法,这种做法在具体实践中危害极大。

综上所述,尽管奥康纳的“第二重矛盾论”与福斯特的“新陈代谢断裂论”仍然存在不少理论局限,如夸大人与自然之间的冲突,混淆资本主义社会的基本矛盾和主要矛盾、把生态思想作为马克思的主要思想,等等。但是,相比较于“深绿”与“浅绿”思潮而言,他们已经充分认识到了人与自然关系恶化问题的本质,并且开始尝试从生产方式和社会制度层面去探讨生态危机成因。就此而言,奥康纳与福斯特的理论探索无疑具有很大的历史进步意义。与此同时,我们也应当看到,奥康纳与福斯特两个阵营关于生态危机根源的争论表面是研究范式的差异与分歧,实则反映了他们在运用马克思主义分析生态问题成因时对待历史唯物主义的两种截然不同的态

---

① John BellAmy Foster,Capitalism and ecology:the nature of the contradiction,*Monthly Review*,Vol.54,No.4,2002,pp.6–16.

度——修正抑或重释。事实上，关于历史唯物主义是否有生态维度、它的生态意涵是什么以及如何在把握历史唯物主义整体性的基础上认识马克思与恩格斯的生态思想等问题，仍然有待学者们进一步加以阐释和论证，这不仅关系到我们对马克思主义的生态批判者们质疑的回应，而且有助于我们深化对马克思主义生态思想的理论认识。

三、从资本逻辑到现代性：有机马克思主义
对生态危机根源的批判进路

近年来，以小约翰·柯布和菲利普·克莱顿为代表的美国学者提出了一种后现代马克思主义（他们称其为有机马克思主义）。与前述绿色思潮诉诸伦理规制、思维方式和资本主义制度的批判进路不同，有机马克思主义在批判资本逻辑的基础上指出，生态危机的深层次根源在于资本主义所建立的现代性价值体系，主张通过"第三条道路"即"市场社会主义"寻求生态灾难和资本主义的替代性选择。面对这样的理论分界，如何运用马克思主义的立场观点方法科学评析有机马克思主义的理论主张与价值诉求，是当前破解关于生态危机根源争议和深化马克思主义生态学研究亟待解决的重大问题。

（一）有机马克思主义何以关注生态危机

有机马克思主义把生态危机作为自身的主要理论关切，以探索实现整个人类和地球生物圈的共同福祉为价值旨归，是历史、理论与现实交互作用的产物，有其深刻的内在逻辑。

1. 西方马克思主义研究的"生态学转向"

20 世纪 60 年代以来，西方马克思主义出现了某种意义上的生态学转

向,即越来越多的西方马克思主义者将生态环境问题作为研究对象,致力于探寻全球生态危机的成因及其疗治方案。在这一历史背景下,有机马克思主义试图将马克思主义与怀特海的过程哲学相结合,通过对资本逻辑和现代性的批判来揭示当代生态危机的产生根源,倡导建立"市场社会主义"以实现一种新的文明形态即生态文明的建构。因其运用马克思主义分析生态问题并主张实现资本主义制度变革的理论特质,有机马克思主义与生态学马克思主义在西方绿色思潮谱系中又被称为"红绿"思潮。应当说,生态学马克思主义对有机马克思主义确立生态取向发挥了直接的、重要的作用,尤其在认识马克思的生态思想、批判资本主义的生态危机和呼吁社会主义的生态文明等方面,有机马克思主义分享了许多生态学马克思主义者的理论观点。客观地讲,有机马克思主义以生态关怀为理论旨趣固然与其创立者的主观兴趣紧密相关,但更不可忽视的是西方马克思主义研究"生态学转向"的宏观历史背景,正是在生态学马克思主义等绿色思潮的影响下,有机马克思主义才得以孕育而生。而在这种生态学转向的背后,实则反映了人类对生存环境危机状况的忧思和理论自觉,也体现了西方马克思主义研究中心从哲学到现实、从理论到实践的一种转换与统一。

2. 传统绿色思潮陷入乌托邦困境

生态危机不是21世纪的特有产物,有机马克思主义也并非第一个以环境问题为视角切入资本主义批判的理论流派,在生态危机的自然演化过程中,传统绿色思潮基于不同的价值理念都对化解生态危机提出了相应的治理举措。然而,为什么有机马克思主义仍然受到了极大关注? 这其中涵盖很多因素,但最为重要的一点是,传统绿色思潮存在难以克服的理论困境,无法有效地根治生态问题。囿于理论性质和所持价值立场的局限,无论是以生态中心主义为基础的"深绿"思潮抑或是以人类中心主义为基础的"浅绿"思潮,都没有坚持历史唯物主义的理论指导与分析方法,而是脱离了社会制度和生产方式抽象地来探讨生态危机的成因,寄希望于在不变革资本主义制度和生产方式的条件下通过价值观念的转变与科学技术进步来消除生态危机,这也就决定了它们在解决生态问题时必然遭遇挫折和失败。相比较而言,生态学马克思主义主张发挥工人阶级的主体作用、倡导将生态运动引向激进的生态政治变革的做法则具有很大的历史进步性。然而,令人感遗憾的是,生态学马克思主义对未来社会建构起关键性作用的生产资料所有制问题没有引起足够重视,由此所带来的问题是生态政治运动的主体力量无法集聚,这就注定了它不可能找到生态政治运动的现实革命途径,最终只能陷入"绿色乌托邦"的历史命运。在西方左翼力量日益分化的形势下,欧美愈发低迷的生态政治运动似乎进一步佐证了生态学马克思主义生态政治战略的空想性。对此,有机马克思主义宣称,它可以比生态学马克思主义走得更远,甚至有望为关于资本主义替代选择的激烈争论奠定基础。①尽管有机马克思主义应对生态危机的方案能否奏效仍然有待实践检验,但传统绿色思潮所面临的困境与局限确属不争的事实,这对有机马克思主义力图寻求新的理论生长点无疑起到了助推作用。

3. 资本主义生态危机的全球扩张

如果说,传统绿色思潮在实践中暴露出来的问题与局限为有机马克思主义出场提供了理论上的可能性,那么,资本主义生态危机的全球扩张则是促使有机马克思主义关注生态危机的现实动因。进入 20 世纪中期以来,随着人类对自然界影响深度和广度的增加,全球变暖、气候异常、能源资源枯竭、森林面积锐减、土地荒漠化等生态问题日趋严重和突出,地球生态系统已经濒临崩溃的边缘。与传统绿色思潮在生态危机溯源问题上的去意识形

---

① [美]菲利普·克莱顿、贾斯廷·海因泽克:《有机马克思主义——生态灾难与资本主义的替代选择》,孟献丽等译,人民出版社 2015 年版,第 2 页。

态化观念不同,有机马克思主义认为,尽管生态问题在经济全球化时代最终一定都是全球问题,需要全球合作与共同治理来加以解决,但并不能因此而回避和否定全球性生态危机的资本主义根源,恰恰相反,"资本主义作为一种经济哲学,一直是破坏环境的罪魁祸首"[①]。长期以来,以资本积累为目的的资本主义经济体系和新自由主义模式罹患了"增长强迫症",即增长成为其维持存在和证明自己存在合理性的唯一理由,这种无节制的增长需求不仅使得西方发达国家走上了一条"先污染后治理"的发展道路,而且伴随着资本主义全球扩张带来了许多非正义性问题。一方面,不加干预的资本主义为实现现代化付出了极为惨重的环境代价,自然资源被大量消耗、生态环境遭受严重破坏。需要指出的是,这种代价是建立在不平等的阶级制度之上的,"富人比穷人更容易免除这些影响,而且更能够在面临危险时采取减缓策略以确保他们自己的生存"[②]。另一方面,为了实现资本的可持续积累,发达资本主义国家利用不合理的国际政治经济秩序通过生态殖民主义的方式掠夺资源、转移污染、倾倒废料,在总体上对发展中国家和世界范围内的穷人欠下了一笔"生态债"。概言之,"作为一种社会经济体制,资本主义所带来的是大量不公和全球环境灾难"[③],这不仅是有机马克思主义关注生态危机的现实出发点,也构成了 21 世纪有机马克思主义出场最深刻的实践境遇。

(二)有机马克思主义对生态危机根源的批判进路

针对当前日益严重的全球性生态危机,学者们为探索生态危机的根源

---

① [美]菲利普·克莱顿、贾斯廷·海因泽克:《有机马克思主义——生态灾难与资本主义的替代选择》,孟献丽等译,人民出版社 2015 年版,第 6 页。

② [英]戴维·珮珀:《生态社会主义:从深生态学到社会正义》,刘颖译,山东大学出版社 2012 年版,第 2 页。

③ [美]菲利普·克莱顿、贾斯廷·海因泽克:《有机马克思主义——生态灾难与资本主义的替代选择》,孟献丽等译,人民出版社 2015 年版,第 13 页。

及其解决之道而付出了艰辛的努力。在这个问题上,有机马克思主义既不同于"深绿"思潮单纯地批判人类中心主义价值观,也异于"浅绿"思潮将生态危机原因复杂化——归咎于人口过快增长、自然资源的无偿使用和现代技术的内在缺陷,而是遵循了一条从"资本主义制度"批判到"现代性"批判的理论进路。

在有机马克思主义看来,"资本主义是一种以资本积累——创造和增加财富,为核心驱动力的经济和社会制度",①它与环境破坏之间存在着根本联系。资本主义制度的消极影响已经远远超出人类社会的边界逐步延展至自然领域,给地球生态系统造成了巨大的破坏。其一,从生产前提来看,资本主义在实现劳方与资方分离的同时,也割裂了通过劳动建立起来的人类和自然界相互连接的关系,工人与其作为生产条件的自然相分离,这种分离在雇佣劳动与资本的关系中得到完全的发展。久而久之,人类存在的先决条件即自然逐渐被资本主义所遗忘并排除在经济管理之外,由此,资本主义不可避免地导致了一个自然的新陈代谢的断裂,这个新陈代谢的断裂意味着从根本上破坏了人类生存的永恒的自然条件。其二,从生产的目的来看,资本主义生产的目的在于财富的创造和增殖而不是满足人们的基本生活需要,因此,资本主义总是毫无节制地要求国内生产总值持续地增长,而这与地球岌岌可危的生态状况需要保持不变或缩减经济规模的目标不相吻合。实际上,资本主义对经济增长的迷恋是工业生产方式下片面追求高额利润的制度痼疾所造成的。马克思曾经对此批判道:"到目前为止的一切生产方式,都仅仅以取得劳动的最近的、最直接的效益为目的。那些只是在以后才显现出来的、由于逐渐的重复和积累才发生作用的进一步的结果,是

---

① 〔美〕菲利普·克莱顿、贾斯廷·海因泽克:《有机马克思主义——生态灾难与资本主义的替代选择》,孟献丽等译,人民出版社 2015 年版,第 38 页。

完全被忽视的。"①从长远来看,企业对财富追求的无限性和生态环境承载能力的有限性之间必然产生冲突,当人类对自然界的索取超出地球的生态阈值,生态环境的结构和功能就会遭到破坏。其三,从经济体制来看,资本主义信奉和推崇的是"自由市场",但是,"'自由市场'是无法准确评估自然资源或环境风险的"②。在利润动机的支配下,市场评估往往会牺牲他人与环境的长远利益而倾向于更局部和短期的问题,"当某一市场或国家的资源枯竭时,跨国公司就会转移到别的能够给他们带来更高回报率的市场"③。可以说,资本主义制度下的企业逐利性在自由市场的体制中犹如皇帝的新衣,裸露得一览无遗,这也是导致资本主义生态危机向全球扩展的主要原因。显然,在资本作为占支配地位的现代生产关系中,资本主义自身无法从根本上克服生态危机。

任何一种学说的创立都获益于前人的智识,在生态危机根源的反思问题上,有机马克思主义对资本主义制度的反生态批判一定程度上可以归功于生态学马克思主义的深度研究。但是,有机马克思主义并没有停滞不前,而是进一步深入挖掘,将矛头对准了为资本主义制度及其生产方式奠定基础的现代性价值体系。在他们看来,现代性是比资本主义更为根本的破坏力,"我们面临的生态危机在现代性之前就已经有了,但是,现代性出现之后,人和自然环境出现了分离"④。换言之,资本主义只是生态危机产生的充分而非必要条件,现代性才是其充要条件。所谓现代性,就是指 17 世纪

---

① 《马克思恩格斯全集》第 20 卷,人民出版社 1971 年版,第 521 页。

② [美]菲利普·克莱顿、贾斯廷·海因泽克:《有机马克思主义——生态灾难与资本主义的替代选择》,孟献丽等译,人民出版社 2015 年版,第 193 页。

③ [美]菲利普·克莱顿、贾斯廷·海因泽克:《有机马克思主义——生态灾难与资本主义的替代选择》,孟献丽等译,人民出版社 2015 年版,第 227 页。

④ 孟根龙、小约翰·B.柯布:《建设性后现代主义与福斯特生态马克思主义——访美国后现代主义思想家小约翰·B.柯布》,《武汉科技大学学报(社会科学版)》2014 年第 2 期。

以来诞生于欧洲的"现代"世界观和"现代"思维方式,其核心内容包括勒内·笛卡尔奠基的西方现代哲学、以约翰·洛克为代表的资产阶级政治思想以及亚当·斯密创立的自由主义经济发展观,突出表现在人类中心主义、个人主义和经济主义这三重维度上。[①] 从后现代主义的立场出发,有机马克思主义认为,虽然现代性价值体系在促进生产力发展、增加社会财富以及推动人类精神文明提升等方面功不可没,但是由于其内在的固有缺陷,也造成了人与人、人与自然关系的紧张与疏离,进而导致了影响和谐稳定的社会危机与危及人类生存发展的生态危机。对此,有机马克思主义在结合现代性特征的基础上,从人类中心主义、个人主义和经济主义三个方面对现代性价值体系的反生态本性展开了深入批判。

现代性价值体系的哲学基础是由笛卡尔等人开创的西方现代哲学,其理论特点是坚持理性主义、机械论的宇宙观和形而上学二元论。二元论主张"主客二分、非此即彼"的思维模式,因此,在看待人与自然界的关系时,往往把人作为主体与自然作为客体割裂开来,进而衍生出了"人类中心主义价值观"。柯布指出,现代哲学从本质上讲是一种人类中心主义或自我中心主义,这种强调人类至上的价值观由于反对经院哲学禁锢思想和盲从神学权威而备受资产阶级的青睐。[②] 基于这样一种人类中心主义的现代性价值体系由于过分张扬人的主体性,把人看作是自然的主人和占有者,从而破坏了人与自然之间的平衡关系,对生态文明建设形成了巨大挑战。具体而言,一方面,人类中心主义割裂了人与自然的"有机"联系。作为有机马克思主义的立论基础,怀特海的过程哲学揭示了三个重要的观点:人类(包括自然)不是孤立的、原子式的单位或个体,而是相互地"内在关联"在一

---

① 王雨辰:《生态学马克思主义与有机马克思主义的生态文明理论的异同》,《哲学动态》2016 年第 1 期。

② 冯俊、小约翰·B.柯布:《超越西式现代性,走生态文明之路——冯俊教授与著名建设性后现代思想家柯布教授对谈录》,《中国浦东干部学院学报》2012 年第 1 期。

起；事物处于不断变化的过程，唯一不变的是过程本身；智慧来自于整体的视角，整体大于各部分之和。按照上述分析理路，有机马克思主义批判了人类中心主义漠视自然本身存在、发展与演化的独特性和规律性，把人与自然机械地分割开来，没有从人与自然相统一的整体视角来认识和把握世界的做法。正如大卫·格里芬指出："我们首要的错误是假设我们能够把某些要素从整体中抽取出来，并可在这种分离的状态下认识它们的真相。"①因此，立足于怀特海的过程哲学，有机马克思主义反对"一切以误置具体性、严格的二元对立、存在物与其环境相分离的方式看世界的观点"②，主张用有机整体主义思维来观察周遭现实，强调必须深刻认识到人与大自然的关系实在性和规定性。另一方面，人类中心主义忽视了大自然的"内在价值"。有机马克思主义认为，"内在价值"是生命主体自身所具有的目的，而非一种实现其他存在物的"工具价值"，"真正的价值存在于每一个事件、每一个有机的联系中，而不是在于它们的用途或者它们在自由市场上能换来多少钱等这些外在的因素"③。基于主客二分、二元对立的思维模式，人类中心主义虽然承认自然是人类生存和发展的物质基础，但这种对于自然价值的认识始终是以人的尺度来加以衡量的。换言之，自然对于人类而言只是满足自我欲望的客体和对象，其本身并无"内在价值"（目的价值）。于是，人的绝对主体性在这样一种忽视大自然内在价值的人类中心主义观念驱使下得到充分展现，自然成为了人类实现自身利益的工具，这为生态危机的全面爆发埋下了伏笔。事实上，人类主体与自然存在物在社会性上

---

① ［美］大卫·雷·格里芬：《后现代科学：科学魅力的再现》，马季方译，中央编译出版社1998年版，第155页。

② 费劳德、王治河、杨富斌：《马克思与怀特海：对中国和世界的意义》，《求是学刊》2004年第6期。

③ ［美］菲利普·克莱顿、贾斯廷·海因泽克：《有机马克思主义——生态灾难与资本主义的替代选择》，孟献丽等译，人民出版社2015年版，第216页。

虽然有着本质差异,但这并不能成为否定大自然具有内在价值的理由。对此,有机马克思主义不遗余力地批判了"人类例外论"学说掩盖下的人类中心主义价值观,倡导用共同体的价值观去正确认识和处理人与自然的辩证关系。

在有机马克思主义看来,对于现代性的反生态批判不能仅仅停留于哲学层面,因为现代性的影响和作用已经深烙于资本主义意识形态之中。作为资本主义意识形态的集中体现,现代性价值体系所宣扬的自由、人权、民主和正义等资产阶级政治思想在本质上是个人主义的意识形态。倘若说,人类中心主义是现代性反生态本质在宏观哲学层面的衍生品,那么,个人主义则是在政治层面强化资产阶级追逐私利的意识形态支撑。通过对自由、人权、民主和正义等价值观念的宣扬与提倡,个人主义成为了资本主义社会的合法信条和普遍行为准则,而这恰恰为资本主义肆意掠夺自然资源、破坏生态环境的行为提供了意识形态上的辩护与理由。有机马克思主义对此逐一展开了批判。其一,关于资本主义自由理论,有机马克思主义认为,自由可以分为很多种,资本主义视阈中的自由主要是指"摆脱限制的自由",这种对自由的片面理解在资本主义制度框架中逐渐演化为不干涉个人追求私利。"在这种社会安排中,鼓励个体追求他/或她的个人兴趣却毫不顾及对范围更广的自然与社会的影响"①,它在日益激化资本主义国家内部阶级差异和阶级矛盾的同时,也造成了全球范围的巨大不公和愈演愈烈的环境破坏。因此,有机马克思主义主张将自由与人类及地球共同体利益创造性地联系来,建构一种面向共同体利益的自由观,使每一个体与社会都有充分发挥自身巨大潜力从而超越现有社会陈旧结构的能力。其二,资本主义传统意义上的人权观念主要是指阿里耶·奈尔提出的"蓝色权利"即公民权利

---

① [美]约翰·贝拉米·福斯特:《生态危机与资本主义》,耿建新、宋兴无译,上海译文出版社 2006 年版,第 44 页。

和政治权利,包括个人的财产权、生命权和政治权。[1] 有机马克思主义认为,这种自由主义的人权观念具有极大虚伪性,它在本质上保护的是富人的权利而非所有人的权利。随着社会之善逐步成为人类追求的基本目标以及公民环境意识的觉醒,当代人权理论进一步拓展了权利概念的外延,"红色权利"(经济和社会权利)与"绿色权利"(集体人权)进入人们视野。有机马克思主义分析指出,"红色权利"虽然超越了"蓝色权利"只关注人类个体一维的局限具有极大的进步意义,但是,为了共同福祉的"绿色权利"才是通往有机世界观的最后一步,因为它不仅仅是对个人主义视角的细微修正,甚至比"红色权利"更有助于开阔人们视界,"使其超越个人私利,达到社会和地球相互关联的境界"。[2] 其三,关于资本主义意识形态的民主理论,有机马克思主义强调,资本主义民主的实质是为市场经济服务和保障个人权利的民主,它没有充分考虑所有人的需求,而是倾向于成为"为了自身利益的个人统治"。在这种民主模式下,追求个人财富和享乐成为国家社会发展的驱动力。与预想结果不一样的是,资本主义的民主体制并没有将人类自私的动机转化为对他人有益的结果,相反,却成为了富人愈富、穷人愈穷的秘诀。有机马克思主义对此批判道,资本主义的民主不仅给穷人和这个星球带来了不公正的后果,而且还试图通过消极否定人性来"为穷人和动物所遭受的道德上不可接受的对待进行辩解"。[3] 为此,有机马克思主义倡导建立一种以谋求共同福祉为目标的真正民主,这种民主形式以共同体组织为基础和构成,它将不再只是少数富人阶级牟取私利的工具,而是为了地

---

[1]　Aryeh Neier, *The International Human Rights Movement : A History* , Princeton : Princeton University Press, 2012, p.59.

[2]　[美]菲利普·克莱顿、贾斯廷·海因泽克:《有机马克思主义——生态灾难与资本主义的替代选择》,孟献丽等译,人民出版社 2015 年版,第 127 页。

[3]　[美]菲利普·克莱顿、贾斯廷·海因泽克:《有机马克思主义——生态灾难与资本主义的替代选择》,孟献丽等译,人民出版社 2015 年版,第 134 页。

球和全人类的共同和长远利益服务。其四,有机马克思主义认为,正义的核心是政治和经济领域中的分配正义问题,与马克思"各尽所能、按需分配"的正义理想不同,"资本主义的正义理论主张'各尽所愿、按市场分配'"的原则,即每个人自由决定他投入市场的时间和金钱,以及工作的努力程度。然后市场决定他能不能得到回报、得到多少回报。就其本质而言,这种正义观念是基于人性自私和市场竞争结果天然正义假设之上的,其目的是为了保障市场经济竞争的结果,从而为富人的财产权提供合理保护。在有机马克思主义看来,资本主义这种实现正义的原则是一种彻头彻尾的个人主义方式,它不仅使正义成为一个派生事物或一个无意识的副产品而非一个"自然"的法则,而且造成了对工人的不公平与日益严重的环境灾难。有证据表明,一旦富人们能够攫取到高额利润并能够随心所欲地支配财富时,他们不会慷慨地把所获得的财富重新分配给穷人,而是"会选择奢靡的生活方式和奢靡的个人消费"①,这无疑会加剧地球生态状况的负担。

除了对人类中心主义与个人主义进行批判以外,有机马克思主义还深刻揭示了经济主义的主要特征及其生态缺陷。经济主义是市场原教旨主义与西方新自由主义价值诉求的集中体现,它强调"经济第一性",以追求无限经济增长和财富增加为终极目标,是资本主义现代性价值体系的重要组成部分。在经济主义者看来,"经济是人类生产与生活中最值得关注的核心要素,整个社会必须以它为中心来组织运行"②,社会生活的所有领域和各个方面都可以用经济原则来加以衡量和判断。柯布指出,作为一种特定意识形态的经济主义对现代西方社会产生了极大影响,甚至可以被称为

---

① [美]菲利普·克莱顿、贾斯廷·海因泽克:《有机马克思主义——生态灾难与资本主义的替代选择》,孟献丽等译,人民出版社2015年版,第217页。

② John B. Cobb, Jr., *Spiritual bankruptcy: a prophetic call to action*, Nashville: Abingdon Press, 2010, p.107.

"我们时代占统治地位的宗教"。① 客观地讲,经济主义的确给资本主义社会带来了巨大的物质繁荣,但是,由于其秉承"无物不经济"的思想,把经济看作是唯一且最重要的事情,从而忽视了人的本质需求与自然的客观规律,导致人与自然及其关系出现异化,引发了人与生态的巨大危机。有机马克思主义认为,从总体上看,经济主义及其主张存在以下无法克服的重大生态缺陷。

其一,推崇经济理性。经济理性学说起源于斯密提出的"经济人"理论,代指经济活动的任何参与者追求物质利益最大化的动机,是经济主义的一个理论基石。由于经济理性片面强调经济诱因对市场行为主体的影响与作用,因此,在纯粹的经济理性支配下,人们把追求私利最大化作为价值判断的标准,只肯定获取经济利益对人类社会发展的积极作用,而对人与人、人与自然的关系持漠然的态度。有机马克思主义对此表达了不同的观点,它认为,每个事件(包括人)都是由它与其他事件之间的关系所构成,我们总是内在地与他者联系在一起,经济是人——社会——自然统一体的一部分,经济理性割裂了事物之间的有机联系,把作为人的本质构成、与人的存在休戚相关的内在关系排除在外,忽略了人的自然属性以及社会关系在生产与生活中扮演的重要角色,其结果是"由这种经济理论产生的经济政策持续不断地毁灭着人类共同体和所生活的自然环境"②。

其二,迷恋经济增长。在经济主义者看来,经济增长是解决人类社会一切棘手问题的有效手段,它不仅可以消灭贫穷、遏制人口增长、缓解阶级冲突与贫富差距,而且有利于实现环境保护、增加就业。为此,以经济主义为核心的西方经济学试图通过技术改良、自然资本化以及自由市场等策略来

---

① John B. Cobb, Jr., *The Earthist Challenge to Economism*, London: Palgrave Macmillan, 1999, p.1.

② John B. Cobb, Jr., *Theological Reminiscences*, London: Process Century Press, 2014, p.225.

保持 GDP 的持续增长,从而创造一种"可持续的资本主义"。① 但是,现实与理论的悖离已经一再确证,罹患"增长强迫症"的资本主义经济非但没有兑现它的众多美好承诺,反而带来了更为严重的社会危机与生态危机。最明显的例证就是世界范围内对森林的大规模砍伐,它虽然使 GDP 在短期内快速增长,但也导致部分地区出现了大规模干旱、洪水的爆发以及大量水土流失等现象,从长远来看,其经济、社会和环境的代价不容小觑。事实上,西方经济制度关于经济无限增长的这一虚构假设要求以自然资源和原材料的不竭供应为支撑,然而,这个星球的自然资源显然不是无限的。② 正如柯布所言,正是对经济增长的迷恋使得经济学家们不自觉地加入了"一个对地球的恶化漠不关心的集团"③,从而加剧了自然资源的有限性与追求经济增长无限性之间的矛盾,使得地球环境形势不断恶化。

其三,崇拜市场的魔力。作为自由放任资本主义的拥趸,经济主义坚信市场是调节人类交往活动的最合理和最合乎道德的方式,反对政府以任何方式干预市场,主张由市场配置一切资源并将私有化范围推广至包括自然资源在内的所有社会生活领域。有机马克思主义认为,片面强调市场的作用而弱化政府的地位是不科学的,市场存在其固有的缺陷,过度依赖市场将会导致市场与自然的冲突得以不加限制地肆意扩张和蔓延。这主要体现在:一方面,完全放任的自由市场会加剧对自然的侵占与破坏。自由市场的环境主义者认为,只要没有外部障碍阻挡,市场的自身机制会在促进经济发展的同时从根本上解决生态危机。事实证明,企图依靠自由市场的推进来

---

① John Bellamy Foster, Brett Clark, Richard York, *The Eco-logical Rift: Capitalism's War on the Earth*, New York: Monthly Review Press, 2010, p.53.

② [美]菲利普·克莱顿、贾斯廷·海因泽克:《有机马克思主义——生态灾难与资本主义的替代选择》,孟献丽等译,人民出版社 2015 年版,第 208 页。

③ 小约翰·B.柯布:《全球经济及其理论辨析》,参见王治河主编:《全球化与后现代性》,广西师范大学出版社 2003 年版,第 53 页。

消除生态危机的做法只是为受经济理性支配的市场主体对利益的无限追求打开了方便之门,因为自由放任的市场会促使他们不惜一切代价尽可能地去掠夺和占有具有稀缺性和公共性的自然资源,这也是导致"公地悲剧"与竭泽而渔的发展模式不断上演的原因。另一方面,缺乏政府干预的完全竞争和自由市场不能有效处理负外部性问题。① 任何一种经济活动都会对外部产生影响,在市场化背景下,受资本逻辑主导的企业不会主动承担由生产经营所带来的负外部性责任。以企业污染排放为例,如果政府的监管缺位,这种负外部性造成的社会成本如自然资源的减少、政府治理污染的花费以及污染物对人类健康造成的危害最终将转嫁给自然界与社会其他成员。基于此,有机马克思主义强调应当辩证地看待市场的价值,呼吁市场应当从"主人"的位置退居至"仆人"的角色,"发挥其附属的次要作用,而不是主宰一切"②。

通过对现代性价值体系的深入批判,有机马克思主义揭示了生态危机的现代性根源。在此基础上,有机马克思主义提出了建设性的后现代性的主张,强调必须超越现代性的机械思维方式和价值观念,树立一种有机整体主义和生态思维方式,在遵循"为了共同福祉"、"关注阶级不平等问题"、"长远的整体视野"等核心原则的前提下,通过混合制市场社会主义和基于共同体利益的生态自治来寻求资本主义的政治变革,从而构建一种可持续的人类文明——生态文明。

（三）有机马克思主义生态危机观的理论评析

近三年来,作为一种在建设性后现代背景下诞生的西方马克思主义新

---

① 　[美]赫尔曼·达利、小约翰·柯布:《21世纪生态经济学》,王俊、韩冬筠译,中央编译出版社2015年版,第52页。

② 　[美]菲利普·克莱顿、贾斯廷·海因泽克:《有机马克思主义——生态灾难与资本主义的替代选择》,孟献丽等译,人民出版社2015年版,第218页。

思潮,国内学者从不同的理论视角对有机马克思主义展开了广泛的研究与讨论,赞同或反对、支持抑或批判,学界观点不一而足、褒贬不一。但是,不可否认,有机马克思主义将生态文明作为自身的主要理论关切,的确为生态危机根源批判提供了一种新的理论阐释。即便如此,若要对其做一个客观的总体性评价,仍然需要廓清以下三个问题。

第一,为什么有机马克思主义在探索生态危机根源的过程中会发生批判对象的转变?如前所述,有机马克思主义并没有始终如一地坚持资本逻辑批判而是将矛头指向了现代性价值体系,究其原因,这与有机马克思主义的理论基础及其特质密切相关。在有机马克思主义看来,"后期资本主义的发展需要马克思主义批判的新形式,日益严重的生态危机也是如此"①,因此,有机马克思主义主张回到马克思和怀特海那里寻找思想资源,呼吁通过"怀特海与马克思的联姻"来寻求生态灾难的解决方案。需要特别强调的是,有机马克思主义虽然宣称马克思主义的核心理论(包括阶级分析和经济学研究)仍然令人信服,但却认为马克思主义秉承了与生态思维相对立的现代哲学立场(历史规律论、历史决定论和二元论),因而主张用怀特海的过程哲学来修正、更新马克思主义,并以此作为分析和解决生态危机问题的理论工具。所以,就其本质而言,有机马克思主义是一种怀特海式的马克思主义,它的理论基础是怀特海的过程哲学而不是马克思主义。过程哲学反对机械论、还原论和个人主义,主张关系实在论、变化过程论和整体论,因此,相比较于生态学马克思主义坚持用历史分析和阶级分析来揭示生态危机根源的做法而言,有机马克思主义更加强调文化价值因素在解决生态危机问题上的作用。这就从理论上阐释了为什么有机马克思主义在批判资本逻辑的同时会更加侧重于分析人类中心主义、个人主义和经济主义与生

---

① 〔美〕菲利普·克莱顿、贾斯廷·海因泽克:《有机马克思主义——生态灾难与资本主义的替代选择》,孟献丽等译,人民出版社 2015 年版,第 203 页。

态危机之间的联系。就此而言,在生态危机的溯源问题上,有机马克思主义更像是一个糅合的"中间派",这是由它的理论特点所决定的,正如克莱顿所强调,"与怀特海一样,我们更喜欢选择一条中间道路,因为这条中间道路可以把双方的观点综合在一起"①。也正是由于这种"价值立场的游弋",使得它既没有摆脱生态学马克思主义对资本逻辑批判的束缚,也没有超越经典马克思主义对现代性批判的限度。

第二,现代性是否构成全球性生态危机的真正根源?换言之,把生态危机根源归结于现代性能否解释资本主义与社会主义国家的双重现实。有机马克思主义认为,无论是西方资本主义国家还是"后发展"的社会主义国家,在实现现代化的过程中均出现了较为严重的生态问题,因而,现代性对于生态危机的产生难辞其咎,否则就无法解释为什么与资本主义存在巨大差异的社会主义国家也会出现生态危机和环境问题。有机马克思主义的这种观点实际上是把事实判断等同于价值判断,忽视了生态问题成因的复杂性。从历史唯物主义的视角看,生态问题既有制度因素的影响,也有非制度因素的作用,多种因素的限制及自身发展不成熟等因素的共同制约,使得社会主义国家在生态文明建设上的制度优势并没能避免生态环境问题的发生。② 此处更要害的问题不在于生态危机的现代性解读能否跨越制度性差异,而在于以此作为依据就给现代性戴上生态危机的"根源"的"帽子"是否能从逻辑上自洽?众所周知,自生态危机进入学者们视野以来,关于生态危机根源的阐释便多如牛毛,如何区分事实判断与价值判断进而驾驭理论界近些年来的重大争议,一直是学者们研究的重点和难点。按照马克思主义的基本观点,生态危机表面上是人与自然关系的恶化问题,而实质上是人与

---

① ［美］菲利普·克莱顿、贾斯廷·海因泽克:《有机马克思主义——生态灾难与资本主义的替代选择》,孟献丽等译,人民出版社 2015 年版,第 177 页。

② 张涛:《新时代生态文明建设若干创新论断的哲学解读》,《大连理工大学学报(社会科学版)》2018 年第 6 期。

人、人与社会的关系外化作用于自然界的结果。由此观之,有机马克思主义把生态危机的深层次根源归结于现代性价值体系,片面强调文化在经济社会发展中的作用,只看到了社会意识和上层建筑的相对独立性,却从根本上忽视了社会形态对人与自然关系的制约,这与传统绿色思潮脱离社会制度与生产方式抽象地来探讨生态问题的成因并无二致。与此同时,有机马克思主义把现代性的起源看作是"从理性思维到历史思维的一种转变"①,忽视了对现代性生成与发展的基本动力的探究,从而颠倒了资本逻辑与现代性二者的关系及其在生态危机产生过程中的地位和作用。实际上,正是资本无限制地自我增殖、自我扩张的本性构成了现代性的主要驱动力量,因此,在笔者看来,资本逻辑才是造成生态危机的罪魁祸首,现代性只是资本的增殖和积累进程中加速生态危机全面爆发的"催化剂"。

第三,有机马克思主义对生态危机根源的批判能带给我们怎样的启示?尽管有机马克思主义关于生态危机根源的核心观点仍然有待商榷,但这并不意味着它为消除生态危机而提出的后现代主义主张一无是处。如果我们因为它的理论局限与不足而就此忽视其内在的价值与贡献,这显然与客观评价不相吻合,也决不是一个真正的马克思主义者所应当具备的实事求是的研究态度。事实上,作为一种探索中的生态文明理论,有机马克思主义的生态思想对于我国生态文明建设依然具有启发意义:其一,在资本主义批判问题上,有机马克思主义超越了传统绿色思潮的西方中心主义价值立场,在主张变革资本主义制度的同时,提出了"资本主义正义'不正义'、'自由市场'不自由、穷人将为全球气候遭到破坏付出最为沉重的代价"②的宣言,这对于我们认清资本主义制度的反生态本质,关注和弘扬环境正义和规避生

———————————

① [美]大卫·雷·格里芬等著:《超越解构:建设性后现代哲学的奠基者》,鲍世斌等译,中央编译出版社2001年版,第230页。

② [美]菲利普·克莱顿、贾斯廷·海因泽克:《有机马克思主义——生态灾难与资本主义的替代选择》,孟献丽等译,人民出版社2015年版,第216—217页。

态殖民主义的不利影响具有重要价值。其二,在现代性反思问题上,有机马克思主义从后现代主义的立场出发,从不同层面深刻揭示了现代性价值体系的种种弊端,有助于我们摆脱非此即彼思维和资本主义原则的支配、破除单纯追求经济增长的发展观,从而避免西方现代性错误,走出一条具有中国特色的生态现代化道路。其三,在培育后现代思维方式问题上,有机马克思主义立足于包括人类和自然存在物在内的所有生命共同体的福祉,倡导通过超越"价值中立"的教育建立一种共同体生态价值观,进而把个人和土地、自然和那些支撑它们的文化传统紧密联系在一起,这种整体的视域和有机的思维对我们探索构建人与自然、社会和谐发展的生态文明理论具有一定的借鉴意义。

综上所述,与其说有机马克思主义是超越传统绿色思潮的新流派,倒不如说它是一种糅合的"中间派";与其说是现代性构成了全球性生态危机的根源,倒不如说资本逻辑才是造成生态危机的罪魁祸首;与其将有机马克思主义视为资本主义与生态灾难的替代性选择,倒不如把它看作是具有一定借鉴意义的生态文明新思潮。

总体而言,西方绿色思潮对生态危机根源的探索与论争反映了人们为解决全球性生态危机所付出的艰辛努力。从价值理念到社会制度、从资本逻辑到现代性,这种理论探索在每一次激烈的理论论争与学术交锋中使得人们愈发接近生态危机根源的本质。然而,我们也应当看到,由于不同思潮(包括同一种思潮内部的不同阵营)理论性质和所持价值立场的差异,理论界对于什么是生态危机的根源并没有达成最终的共识。造成这一客观结果的主要原因在于,无论是人类中心主义、生态中心主义、还是生态学马克思主义,抑或是后现代的有机马克思主义,都存在一定的理论局限。例如,生态中心主义虽然反对极端人类中心主义(人类沙文主义),有助于恢复人和自然的系统联系,但只是停留在价值观层面而未认识到人与自然关系恶化的本质;生态学马克思主义试图用生态危机理论补充马克思主义的经济危机理论,用资本主义的第二重矛盾理论补充马克思关于资本主义社会基本矛盾理论,但他们没有看到是经济危机造成了生态危机、是资本主义第一重矛盾导致了第二重矛盾;后现代的有机马克思主义虽然看到了现代性的诸多弊端,主张解构现代性,但只是局限于思想文化领域,而忽视了其背后复杂的社会历史根源。更为重要的是,如果仅仅因为现代性的弊端就放弃对现代化的追求,那么包括社会主义国家在内的许多发展中国家就会因此而陷入西方发达国家所设置的发展陷阱之中。总之,上述西方绿色思潮自身存在的理论缺陷决定了它们不可能构成解决生态危机问题的哲学基础。

第三章　唯物史观的生态文明意蕴

西方绿色思潮尤其是以马克思主义作为分析工具的理论流派之所以无法探得生态危机根源的真谛，除了其自身客观存在的理论局限以外，另一个重要原因是，它们对马克思主义及其蕴含的生态文明思想的认识存在一定偏差。在此意义上，系统性地阐述唯物史观的生态文明理论就显得尤为必要，这不仅关乎生态危机根源分析的理论基础是否坚固，而且直接影响到人们对唯物史观的正确认识与评价。我们对马克思恩格斯生态文明思想的分析必须建立在对唯物史观的整体把握之上，不能割裂唯物主义自然观、政治经济学批判与共产主义理论之间的内在联系。本章拟从马克思恩格斯的理论文本出发，探讨唯物史观所揭示的人与自然、自然与社会（历史）之间的对立统一关系，在此基础上，从多个维度考证和辨析马克思恩格斯对资本主义批判的生态意涵，最后再从生态政治学视角阐明共产主义理论蕴含的生态文明思想。

一、马克思恩格斯的自然观与历史观及其统一

自然观是指人们关于自然界以及人与自然关系的总的看法和根本观点。当前，理论界对于马克思恩格斯自然观的研究着墨较多，这不仅得益于

它与生态文明直接相关,而且也因为它是马克思主义生态思想体系的内核和最为突出的部分。就其理论重要性而言,如何看待人与自然的关系,既是唯物史观关涉的基本问题,也是认识自然与社会关系的前提基础。把握唯物史观不可或缺的自然维度,应当立足于唯物主义自然观确立的历史背景及其理论根基,在正确揭示其基本内涵的基础上,阐明历史唯物主义是如何实现自然观与历史观的辩证统一的。

(一)机械论自然观的破产与德国思辨自然哲学的积极过渡

作为新哲学的创立者,马克思恩格斯的思想不是凭空而来的,它产生于对旧世界的批判中。马克思恩格斯出生成长于 19 世纪的欧洲,该时期是德国古典哲学兴盛的时期,以康德、费希特、谢林、黑格尔等人为代表的德国古典哲学家对近代主体形而上学哲学进行了系统的反思与批判,其中,也包括自然观领域。德国古典哲学的自然观念在形而上学自然观(又称为机械自然观)的批判与辩证唯物主义自然观的诞生过程中起到了一个积极过渡的作用。

形而上学自然观的产生,与 16 世纪到 18 世纪上半叶自然科学技术的发展密切相关。该时期,近代自然科学的诞生与发展使其逐渐从哲学这一母体中分离出来。在这个阶段,自然科学的主要工作是搜集、积累资料,研究方法多以观察、实验和解剖分析为主。这种分门别类、解剖分析和孤立静止的研究方法是人们对自然事物认识过程中所需要的,而且,较古代直观和从整体上加以猜测的研究方法而言,它无疑是一大进步。然而,人们在运用这些方法研究自然事物和现象的过程中,却忽视了自然事物和现象之间的联系,久而久之,便"养成"了孤立、静止地看待自然事物的"习惯"。培根和洛克等哲学家对近代前期的这种研究方法和思维习惯进行了哲学上的总结和概括,使之系统化和理论化,并把它从自然科学中移植到哲学中来,进而形成了一种完整的世界观。人们再以这种世界观作为理论指导去研究自然界,最终形成了形而上学的自然观。

客观地讲,形而上学的自然观是在自然科学技术有一定发展而又发展得不充分的条件下产生的,除了经典(机械)力学发展较为成熟外,别的学科进展缓慢,还处于起步阶段。① 自然科学技术发展的这一特点和状况,使得人们习惯于用机械力学的思想理论去解释一切自然事物和现象。因此,该时期形成的自然观不可避免地具有机械性、形而上学的特征,并且在一些根本问题上最终无法坚持唯物主义而向宗教神学妥协,陷入目的论、神创论和唯心论。19 世纪中期以后,伴随着资本主义生产的迅速发展,近代后期的自然科学研究突破了经典力学的局限,得到了全面的发展,天文学等许多领域取得了一系列重大突破。它们所揭示出来的自然界已经不是形而上学自然观所描绘出来的样子,自然界的主要过程得到了说明,原先所不能解释的自然现象,有望在新科学理论指导下得到解决,一种新的自然观念呼之欲出。在这项工作面前,德国的古典哲学家们走在了前列。

恩格斯指出,康德是打开"这种僵化的自然观"突破口的第一人。② 1775 年,康德出版了《自然通史和天体论》(又译作《宇宙发展史概论》)一书,提出了系统的天体起源和演化论即太阳系起源的"星云假说"。该理论充满了唯物辩证法思想,这对当时自然科学领域中占统治地位的关于"天不变、地不变、物种不变"的机械论自然观产生了强烈冲击,动摇了"宇宙神创论"的理论根基。在《自然地理学》等著作中,康德进一步考察了人与自然之间的紧密联系,并在哲学界发动了"哥白尼革命",提出了"人为自然界

---

① 物理学对热、声、电、磁只有初步的研究;化学刚刚处于幼稚的燃素说的形态中;地质学还没有从矿物学中分化出来;生物学尚在襁褓中,对动物和植物仅仅作了粗浅的人为分类。
② 《马克思恩格斯文集》第 9 卷,人民出版社 2009 年版,第 414 页。

立法"的思想。在康德看来,"普遍的自然规律是能够先天地认识的","自然的最高立法必然存在于我们心中,亦即存在于我们的知性里面"。① 在这里,康德把自然规律——事物之间的普遍必然联系——描述为人类通过经验感知的产物,强调人的理智为自然界规定法则,充分凸显了人的主体性精神。尽管康德的直观认识论既有与自然科学相契合的一面,也有与之不符的一面,但不难看出,他正试图重新规定人在自然界的中心地位,而这与培根"向自然学习"的态度已经相去甚远。

在康德之后,德国古典哲学以彻底的唯心论态度,把先验唯心论发展为绝对唯心论。绝对唯心论始于费希特和谢林,完成于黑格尔。在自然观上,绝对唯心论可以划分为主观唯心主义和客观唯心主义两个维度。

以费谢特为代表的主观唯心主义认为,意识之外的客体即物自身是一种纯粹的虚构,完全没有实在性。因此,他强调,康德所说的经验自然界存在的依据即无法被认识的自在之物是不存在的,自然界只是"自我"为了活动而建立起来的对立面,是自我自觉的产物。费希特的知识论哲学建立在"自我"的概念上,他试图通过"自我设定自身""自我设定非我""自我与非我的统一"三个原则来构建一个主体实践的理论体系,进而实现意识活动与内容的统一以及自我意识和意识对象的统一。需要指出的是,费希特的主体实践只是认识领域内的一种精神活动,而非改造客观世界的物质性活动。在这种理论活动中,客观存在的自然界,"演化"为他物派生出来的纯粹有限的东西,是自我借以达到目的的手段,而非认识和改造世界的对象。由此可见,费希特的自然观并没有统一真正的主体和客体,只是观念上的一种逻辑演绎。但是,从方法论的角度看,他把自我和非我的对立与统一上升到第一原则的高度,是辩证法思想的重大突破。

---

① [德]康德:《康德著作全集》第 4 卷,李秋零译,中国人民大学出版社 2005 年版,第 322—323 页。

与费希特把自然界理解为意识的主观创造不同,谢林认为自然是"宇宙精神"不自觉的、无意识发展的产物,具有客观性。在他看来,自然与包括我们之内认作是理智与意识的东西是同一的,"完善的自然理论应是整个自然借以把自己溶化为一种理智的理论"①。换言之,规律性的东西在自然本身显露得越多,掩盖它的东西就愈是消失不见,现象本身就愈益精神化,最后也就全然不复存在了。谢林在《自然哲学体系草案》中进一步指出,自然界是一个辩证发展的生成过程,在最低的层次,自然表现为运动着的物体;在较高的层次,表现为光、磁、电、化学等现象;在最高层次,表现为有机整体,即自然本身。谢林把自然界描绘成一个在对立发展中有机联系、逐级上升的整体,这给当时机械论占统治地位的科学界带来了一股清新气息。

作为德国唯心论从主观性向客观性过渡的重要环节,谢林的自然哲学被德国古典哲学的集大成者黑格尔所继承发展。这种继承和发展集中体现在他对"如何看待自然"以及"如何考察自然"等问题的辩证回答上。

关于如何看待自然,黑格尔强调"自然必须看作是一种由各个阶段组成的体系,其中一个阶段是从另一个阶段必然产生的"②,绝对精神内部的矛盾推动着自然界从一个阶段到另一个阶段的转化。在这个问题上,谢林将绝对精神(谢林称其为"自我意识")的本质设定为毫无差别地纯粹的同一性,而黑格尔则认为绝对精神内含质的差别和对立。在他看来,那种只讲量的变化、忽略质的区别,认为自然事物通过量变从不完善逐渐达到完善的"进化说"是片面的。此外,他还批判了把握自然界发展过程的另一种形式——"流射说",即认为自然事物从完善逐渐退化为不完善。在黑格尔看来,自然事物"较前一阶段一方面通过进化得到了扬弃,另一方面却作为背

---

① 〔德〕谢林:《先验唯心论体系》,梁志学、石泉译,商务印书馆2017年版,第8页。
② 〔德〕黑格尔:《自然哲学》,梁志学等译,商务印书馆2017年版,第28页。

景继续存在,并通过流射又被产生出来。因此,进化也是退化"①。通过运用概念的辩证法,黑格尔揭示了自然界进化与退化的内在联系。

关于考察自然的方式,黑格尔指出,"我们对待自然界的态度,一方面是理论的,一方面是实践的"②。在他看来,考察自然的活动实际上是一种概念的认识活动,即理念认识自身和自己实现自己的过程。"理论态度是指从客观到主观、从自然到人的过渡,它要解决认识真理问题,即使自然界在我们面前显现自身和说明自身;实践态度则是指从主观到客观、从人到自然的过渡,它要解决实现真理的问题,即从个别上升到普遍,从现象深入本质。"③黑格尔强调,我们在考察自然的过程中,既不能片面地采取理论态度,从感性出发、不发挥能动性、一味静观默想;也不能片面地采取实践态度,从利己欲望出发、无视客观规律、肆意征服自然,必须实现二者的有效结合。在这里,黑格尔对存在与思维的同一性问题进行了解答,阐述了作为主体的精神如何认识隐藏在客体中的精神。尽管这种考察方式是唯心主义的,但它蕴含着关于认识和改造自然辩证关系的深刻思想。

从康德到费谢特,再到谢林,最后经由黑格尔完成的德国思辨自然哲学,使得近代自然观向前迈进了一大步,从而克服了机械论自然观的形而上学性。但是,需要指出的是,德国思辨自然哲学仍然是唯心主义的,即使是黑格尔也不例外,因为黑格尔把丰富多彩、千变万化的自然现象理解为精神的外壳。由于唯心主义自然观把自然理解为精神或者理念外化的结果,这就从根本上限制了人们获取对自然本质的正确认识和洞察。于是,精研过黑格尔哲学的费尔巴哈对这种唯心论的自然观展开了批判。

---

① 〔德〕黑格尔:《自然哲学》,梁志学等译,商务印书馆 2017 年版,第 336 页。
② 〔德〕黑格尔:《自然哲学》,梁志学等译,商务印书馆 2017 年版,第 6 页。
③ 梁志学:《论黑格尔的自然哲学》,人民出版社 2018 年版,第 50 页。

费尔巴哈指出,人和人的思维都是自然的产物,"没有了自然,人格性、自我性、意识就一无所是,换句话,就成了空洞的、无本质的抽象物"①。立足于现实的自然界和人,费尔巴哈认为,可以通过感性对象性来寻找一条从抽象王国通向现实世界的道路。就此而言,费尔巴哈在自然观上秉承的无疑是唯物主义立场,而这与19世纪宗教神学和思辨自然哲学是完全不同的。前者从人的感性直观出发,坚持物质第一性的原则,后者则从人的抽象推理出发去思考自然与思维的关系,坚持思维第一性的原则。客观地讲,费尔巴哈的主张实现了对德国古典哲学唯心论自然观的超越,使得唯物主义重新登上了王座,这在当时德国思想领域产生了强大的思想解放作用。正如恩格斯在《路德维希·费尔巴哈和德国古典哲学的终结》中所说:"魔法被破除了;'体系'被炸开并被抛在一旁了,矛盾既然仅仅是存在于想象之中,也就解决了。——这部书的解放作用,只有亲身体验过的人才能想象得到。那时大家都很兴奋:我们一时都成为费尔巴哈派了。"②尽管如此,我们仍然要看到,费尔巴哈是以直观的方式来理解人和自然的,他并没有看到人的对象性活动即实践对于认识人和自然界的重要性,这不仅直接导致了他在自然观上仍然带有旧唯物主义的缺陷,而且也为他在社会历史观上陷入唯心主义埋下了伏笔。

通过上述分析,我们可以发现,无论是近代机械论自然观,还是德国思辨哲学的自然观,抑或是费尔巴哈的旧唯物主义自然观,他们都没有真正实现人与自然的统一。尽管如此,黑格尔自然辩证法的合理内核与费尔巴哈唯物主义自然观的基本内容是马克思辩证唯物主义自然观的重要理论来源,为马克思实现对整个德国古典哲学自然观的超越奠定了理论基础。

---

① [德]费尔巴哈:《基督教的本质》,荣震华译,商务印书馆2009年版,第119页。
② 《马克思恩格斯文集》第4卷,人民出版社2009年版,第275页。

（二）作为中介的"实践"：马克思恩格斯审视人与自然关系的秘钥

与黑格尔绝对唯心论和费尔巴哈旧唯物主义诉诸"绝对理念"、"自然界本身"的方式不同，马克思对于人与自然关系的考察是从"实践"角度出发的，实践的观点构成马克思恩格斯人化自然观的基本内核。那么，何为实践？一般而言，实践就是指人为实现某种主观目的而进行的活动，涵盖生产实践、革命实践等类型。马克思恩格斯在其著作中对实践概念的一般性界定具有多重含义，包括人的感性活动、对象性活动、能动与受动性活动等，但这并不影响我们从实践的角度去把握人与自然的关系。恰恰相反，他们对于实践的内涵及其本质特征的全面分析为我们正确理解以实践为基础的人与自然的关系提供了理论依据。

在马克思看来，由于旧唯物主义者包括费尔巴哈没有把实践理解为能动的客观物质活动，因而，他们所描述的自然界是纯粹客观的自在的世界，是和人的实践活动相分离的自然界；他们所理解的活动也只是某种主观的过程。与这种理解截然不同的是，马克思认为，对现存世界的理解必须从实践出发，因为人的感性活动即劳动才是整个现存世界的基础①。实践构成了人与自然相互联系的纽带和中介，人与自然的关系在本质上体现为一种实践关系。正是在实践的基础上，人与自然实现了分化、对立及统一。

其一，实践（劳动）使人与自然的统一整体具有了相对的分化和区别。从人类的起源看，人不是独立于自然界之外而产生的，它是自然界经过长期发展和演化的产物，二者共同组成统一的物质世界。在自然界发展演化的过程中，促使人与自然成功实现分化的正是实践的最基本形式——劳动，是

---

① 参见《马克思恩格斯文集》第 1 卷，人民出版社 2009 年版，第 529 页。

劳动创造了人本身。"劳动创造了人"并不是说劳动在人类产生以前就存在了。真正的劳动是从有目的地制造和使用劳动工具的实践活动开始的，它是人类区别于动物、展现自身力量所特有的活动。动物的本能活动只是偶尔使用天然工具，而且只限于某种简单的或特殊的用途，并不依赖使用工具作为生存的主要手段。而演化中的劳动不仅使用天然工具实用化，并且在种类、形式和用途方面更为复杂多样，以致逐渐成为人类生存所依赖的必要手段。正如马克思所说："一当人开始生产自己的生活资料，即迈出由他们的肉体组织所决定的这一步的时候，人本身就开始把自己和动物区别开来。"①劳动的萌发就意味着古猿向人类转化的开始，劳动演化发展和形成过程实际上也是人类逐渐形成并与自然相分化的过程。这种分化首先体现为人类机体、形态和结构的分化。例如，劳动的经常化、复杂化促使猿人的前后肢发生分化，后肢变得越来越适合于支撑身体和直立行走，前肢则变得越来越灵活和精巧，最后演变成能够制造工具的人手；随着手的形成，下肢变成了双脚，心肺、颈、喉等器官得到解放和改进，头骨和脑髓也得到发展，大脑变得更为灵活，等等。这样，人与猿就从物质结构上区分开来了。

随着劳动的形成和扩展，人与自然的分化还体现在观念意识上。恩格斯在《劳动在从猿到人的转变过程中的作用》一文中指出："一切动物的一切有计划的行动，都不能在地球上打下自己的意志的印记。这一点只有人才能做到。……这便是人同其他动物的最终的本质的差别，而造成这一差别的又是劳动。"②换言之，人是有思想有意识的动物，懂得利用他所作出的改变来使自然界为自己的目的服务，尽管这种"意识起初只是对直接的可感知的环境的一种意识"③。但它表明，人们已经能在观念上把自我与外在

---

① 《马克思恩格斯文集》第 1 卷，人民出版社 2009 年版，第 519 页。
② 《马克思恩格斯文集》第 9 卷，人民出版社 2009 年版，第 559 页。
③ 《马克思恩格斯文集》第 1 卷，人民出版社 2009 年版，第 533—534 页。

（自然）相区分。需要特别强调的是，实践使人与自然出现分化，并不意味着它们各自成为独立的存在。在马克思看来，除去一些新出现的珊瑚岛以外，互不相干的人与自然在现代社会中不具备真实的存在性，先于人类历史而存在的那个自然界已经不是人们生活于其中的自然界，取而代之的是带有人类实践烙印的人化自然。

其二，人与自然在实践基础上实现辩证统一。马克思认为，人与自然的实践过程是一个作为主体的"人"不断客体化和作为客体的"自然"不断主体化的过程。在这个双向运动过程中，人与自然既分化又统一。在《1844年经济学哲学手稿》中，马克思从人类最基本的实践活动形式——劳动出发考察了人与自然之间的关系。在马克思看来，人与自然的辩证统一具有三层含义。首先，人与自然是一种"对象性关系"，这种"对象性关系"展现了人与自然的内在关联，表征着人与自然的原初统一。马克思认为，自然界是人类劳动的对象，人只有在改造对象世界中才能真正证明自己是有意识的类存在物，从而在他所创造的世界中直观自身。而作为人的"对象性的产物"，自然界是在人的本质力量对象化的活动中生成的。在此意义上，自然界表现为人的作品和人的现实，是对人的另一种表达，确证了人"设定"自然界的活动是"对象性的自然存在物的活动"。也就是说，人与自然互为对象。其次，人与自然的辩证关系还体现在自然环境对人的制约性和人类对自然环境能动性的统一。一方面，自然界为人类提供直接的"生活资料""对象""工具"，其存在是人类生存和发展的前提性条件。正如马克思所说："自然界，就它自身不是人的身体而言，是人的无机的身体。人靠自然界生活。"①尽管现实的自然界主要是人化自然，但自然的发展规律会影响人的生存发展。另一方面，人是具有自然力、生命力的能动的存在物，激情、

———————————
① 《马克思恩格斯文集》第1卷，人民出版社2009年版，第161页。

欲望是人强烈追求自己对象的本质力量,人懂得按照美的原则来塑造对象性的自然界,自然界尤其是人化自然体现了人类对自然环境的能动性。最后,人的解放与自然的解放是统一的。马克思指出,资本主义条件下的异化劳动从人那里剥夺了他生产的对象即自然界,由此造成了人和自然之间的物质变换出现断裂。然而,"人对自然的关系直接就是人对人的关系,正像人对人的关系直接就是人对自然的关系"①。因此,实现自然的解放同实现人的解放的出路是一致的,而且有且仅有一条,那就是变革社会制度,实现共产主义。在共产主义社会下,人与自然、人与人之间的矛盾将得到根本性解决。

综上,马克思恩格斯通过"实践"找到了正确审视人与自然关系的秘钥,创立了具有实践特性的人化自然观,最终实现了自然观上的哲学变革。这种变革的意义在于它不仅克服了黑格尔唯心论抽象自然观的主观性、非实践性,而且扬弃了费尔巴哈对感性世界的片面理解,从而超越了以往一切唯心主义和旧唯物主义的自然观。

(三)马克思恩格斯对自然与历史辩证关系的科学揭示

马克思恩格斯人化自然观对旧自然哲学的超越不仅体现在他们对人与自然关系的唯物主义分析上,而且还体现为他们对自然与历史之间辩证关系的科学揭示。长期以来,如何看待自然与历史的关系一直是哲学史上富有争议的重要问题。在这个问题上,以黑格尔为代表的唯心主义认为,历史连同自然一样,都是绝对精神的产物,它与人类活动无关,二者不存在某种现实的必然地联系。如此一来,历史也就成为了没有现实根基的、虚幻和抽象的绝对理性的历史。以费尔巴哈为代表的旧唯物主义虽然承认人与自

---

① 《马克思恩格斯文集》第1卷,人民出版社2009年版,第184页。

然界是客观存在的,但他所直观到的自然却是独立于人的活动之外的纯粹自然,既忽视了人类对自然的改造,也看不到自然的发展。换言之,费尔巴哈没有认识到人的实践性和能动性,只承认"自然的历史",而不承认"历史的自然"。正如马克思所说,在费尔巴哈那里"唯物主义和历史是彼此完全脱离的"①。由此可知,在黑格尔和费尔巴哈眼中,自然与历史是抽象的、对立的,而非具体的、现实的、相互联系的。

对此,马克思曾经批判道:"迄今为止的一切历史观不是完全忽视了历史的这一现实基础,就是把它仅仅看成与历史过程没有任何联系的附带因素。因此,历史总是遵照在它之外的某种尺度来编写的;现实的生活生产被看成是某种非历史的东西,而历史的东西则被看成是某种脱离日常生活的东西,某种处于世界之外和超乎世界之上的东西。这样,就把人对自然界的关系从历史中排除出去了,因而造成了自然界与历史之间的对立。"②在马克思看来,历史可以从自然史和人类史两个方面来加以考察,这两个方面是密切联系的。因而,恰如我们对人与自然关系的考察不能割裂二者的内在联系一样,我们对自然与历史关系的分析也不能把任何一方从中剔除出去,"自然和历史——这是我们在其中生存、活动并表现自己的那个环境的两个组成部分"③,它们是相互依存、不可分离的。质言之,自然是"历史的自然",历史是"自然的历史",二者共同统一于人们的实践活动之中。在此基础上,马克思将人与自然的关系纳入历史范畴,为我们构建了一个历史与自然辩证统一的理论。

1. 历史的自然:人与自然实践关系的社会历史性

何谓历史的自然? 历史的自然是指基于人类实践活动而形成的现实

---

① 《马克思恩格斯文集》第 1 卷,人民出版社 2009 年版,第 530 页。
② 《马克思恩格斯文集》第 1 卷,人民出版社 2009 年版,第 545 页。
③ 《马克思恩格斯全集》第 39 卷,人民出版社 1974 年版,第 64 页。

的、感性的自然界是历史的,它处于不断运动、发展、变化之中。换言之,自然具有历史性的特征。那么,自然的历史性何以体现?

一方面,现实的自然是历史实践活动的产物。考察自然的特性首先涉及到关于自然的定义问题。如前文所述,与费尔巴哈对自然的理解不同,马克思视域中的自然是指现实的、感性的自然界,它与人的历史实践活动是紧密联系在一起的。马克思认为,人从自然界获取赖以生存的物质生活资料的同时,自然也逐渐脱离了自身的自在性而不断被打上人类的烙印和痕迹,最终转变为人化自然和人工自然。在马克思看来,历史本身是自然史的一个现实部分,现实的自然界是在人类历史活动中即人类社会的形成过程中生成的,它是人的本质力量对象化的结果。因此,我们不能把人类生活于其中的感性世界看作是某种一直以来就存在的、始终不变的东西,因为它是历史的产物。自然的这种历史性在工业中体现得尤为明显,"工业是自然界对人,因而也是自然科学对人的现实的历史关系"①。由此可知,人类改造自然的能力是在实践探索的过程中逐步增强的,人化自然的发展背后实则体现的是社会历史的进步。对此,我们必须以历史的眼光审视自然,否则我们能看到的只有眼前现有的自然,而无法洞察其真实的历史图景与变化。

另一方面,自然界的存在和发展受到社会历史条件的制约。究其原因,从根本上讲是因为人与自然的实践关系纠缠着人与人之间的社会关系。马克思认为,现实的自然界是在人类实践活动中不断生成的,更确切地说,是在人类物质生产实践中形成的。在生产实践中,人们不仅仅同自然界发生关系,人与人之间也结成了一定的社会关系。就此而言,实践一开始就是社会的实践,人与自然的关系在本质上体现为人与人的社会关系,二者是人类

---

① 《马克思恩格斯文集》第 1 卷,人民出版社 2009 年版,第 193 页。

实践活动的一体两面,同时同构、不可分离。与此同时,任何人的实践活动都是在一定的社会历史条件下展开的,实践的目的、方式、对象和工具与人们所处的社会关系紧密相关。马克思曾深刻地指出:"历史的每一阶段都遇到有一定的物质结果、一定数量的生产力总和,结果、一定数量的生产力总和,人和自然以及人与人之间在历史上形成的关系,都遇到有前一代传给后一代的大量生产力、资金和环境,尽管一方面这些生产力、资金和环境为新的一代所改变,但另一方面,它们也预先规定新的一代的生活条件,使它得到一定的发展和具有特殊的性质。"①这表明,人类改造自然的实践活动必然要受到当时社会生产力和生产关系的影响和限制,即使是单个人的活动,也是以一定时期的总体的社会力量去同自然界发生关系的。由此观之,人与自然的实践关系不仅在历史中形成,而且也在历史中不断发展变化,以至于我们可以说,今天整个自然界也溶解在历史中了。

2. 自然的历史:历史的自然物质基础

何谓自然的历史? 顾名思义,自然的历史就是指历史是自然的,它的存在和发展以自然界所提供的物质基础为前提。也就是说,历史离不开自然,既没有摆脱人类社会影响而独立存在的自然,也没有纯粹地游离于现实自然之外的历史。离开了自然的历史,只能是某种抽象的、神秘的精神主体的活动过程,而非现实的历史。自然界对于人类社会发展史的现实作用必须回归到历史形成过程的分析才能够得到具体答案。

从历史的起源看,产生于人类实践活动中的历史是人的真正的自然史。在马克思看来,历史是在尘世的粗糙的物质生产中产生的。作为物质生产的基本形式,劳动在创造人的同时,也创造了历史。马克思指出:"全部人类历史的第一个前提无疑是有生命的个人的存在。因此,第一个需要确认

① 《马克思恩格斯全集》第 3 卷,人民出版社 1960 年版,第 43 页。

的事实就是这些个人的肉体组织以及由此产生的个人对其他自然的关系。"①由这段话可以看出,历史一经产生就离不开自然界,倘若如此,既不会有人的存在,也无所谓历史。因此,对于历史活动及其过程的分析不能撇开劳动进行的物质前提和条件——自然界。此外,人创造历史的前提首先是能够生存下去,因而,人的第一个历史活动就是生产满足自身需要的生活资料。然而,"没有自然界,没有感性的外部世界,工人什么也不能创造"②。在此意义上,自然界的重要性不言而喻,它不仅给创造历史的人的感性活动即劳动提供生产资料,而且也为工人维持肉体生存提供生活资料。由此可见,人类历史有着客观存在的自然物质基础,它是不以人的意志为转移的。

作为马克思恩格斯对自然和历史关系的完整表述,"历史的自然"和"自然的历史"表明马克思主义自然观和历史观是高度统一的。这种统一实现于人类改造自然的实践中,正是在实践的基础上,自然与历史有效结合在一起成为一个内在的整体。在这个问题上,正确认识人与自然的关系是认识自然与历史关系的前提基础。马克思恩格斯之所以能够科学地揭示自然与历史的关系,从根本上说是因为马克思恩格斯实现了对人与自然关系的唯物主义分析。就其理论价值与现实意义而言,他们基于实践所构建的自然与历史有机统一的理论,不仅将唯心主义从最后的避难所即社会历史领域驱逐出去,与费尔巴哈旧唯物主义划清了界限;更为重要的是,它正确阐述了人与自然关系的实质是人与人、人与社会的关系,从而为探索当代生态危机根源及其疗治方案指明了前进方向。

---

① 《马克思恩格斯文集》第 1 卷,人民出版社 2009 年版,第 519 页。
② 《马克思恩格斯文集》第 1 卷,人民出版社 2009 年版,第 158 页。

二、马克思恩格斯政治经济学批判的
生态文明内蕴

由于马克思恩格斯生活在工业革命初期,这时期人们所面临的生态问题并不是时代的主要问题,因而在他们卷帙浩繁的著作中并没有一部单独论述生态文明的专著,也没有使用过"生态文明"这一概念。这也间接导致了马克思恩格斯的生态思想长期处于一种遮蔽状态。事实上,马克思恩格斯的生态思想不仅体现在以实践为基础对人与自然、社会三者辩证统一关系的正确揭示上,而且蕴含于他们对资本主义的政治经济学批判之中。在马克思恩格斯看来,人与自然的关系在资本主义条件下发生了异化,而资本主义生产方式则是造成异化产生的主要原因。因此,在《乌培河谷来信》《英国工人阶级状况》《1844 年经济学哲学手稿》《共产党宣言》《自然辩证法》《资本论》《反杜林论》等著作中,马克思恩格斯系统考察了资本主义社会工人生存环境状况,并对资本主义工业和农业生产方式的反生态性进行了深刻批判。

(一)"环境剥削":工业化进程中无产阶级的生态境遇

对资本主义条件下工人生存环境状况的高度关注是马克思恩格斯生态思想形成的逻辑起点。马克思主义是关于无产阶级乃至全人类解放的学说,无产阶级生存与发展现状无疑受到马克思恩格斯的格外关注。从 18 世纪 60 年代到 19 世纪中期,英国、法国等欧洲资本主义国家相继完成了以蒸汽机的广泛应用为标志的工业革命。这场工业革命在推动生产力巨大发展和物质财富极大增长的同时,也带来了无产阶级的贫困化和日益严重的生态环境问题。在这一时代背景下,通过阅读官方报告、实地走访考察等方式,马克思恩格斯详细揭露了资本主义制度下工人阶级遭受环境灾难的客观事实。

　　工人阶级恶劣的生存环境状况首先体现在"脏乱差"的居住环境上,其中,以环境污染表现得最为突出。环境污染在资本主义发展初期主要有空气污染和水污染两种形式。造成空气污染的原因是多方面的,最主要的污染源是矿物燃料燃烧所产生的废气。18世纪末,蒸汽机的发明与运用使得工业机械力被扩展到工业活动的一切部门,采矿业特别是煤矿开采的能力与需求随之获得了巨大提升。作为工业与生活的主要燃料,煤炭的消耗量伴随着工业发展而急剧增长,在英国,"仅熔炼生铁,每年就要消耗300多万吨煤"[1]。煤炭燃烧所排放的废气笼罩着人口聚集的城市,即使是在天气最好的时候,城市也是一个阴森森的大窟窿。除此之外,生活垃圾和被河流污染所散的毒气也是主要的污染源之一。工人居住的地方里到处都是死水洼,"高高地堆积在这些死水洼之间的一堆堆的垃圾、废弃物和令人作呕的脏东西不断地散出臭味来污染四周的空气"[2]。除了空气污染外,河流等水源污染也较为严重。水源是大工业体系中一切生产部门的必需品,因此,几乎所有的厂房都沿河而建,这就为河流的污染埋下了隐患。以曼城斯特的艾尔克河畔为例,这条河流附近遍布着制革厂、染坊、骨粉厂以及瓦斯厂等不同类型的工厂,而这些工厂的废渣、废水以及居民生活所产生的污秽物全部汇集到这条河流中,这使得原本清澈见底的河流在流经城市之后成为了一条狭窄的、黝黑的、发臭的小河。对此,恩格斯曾形象地描述到:"天气干燥的时候,这个岸上就留下一长串龌龊透顶的暗绿色的淤泥坑,臭气泡经常不断地从坑底冒上来,散布着臭气,甚至在高出水面四五十英尺的桥上也

①　《马克思恩格斯文集》第1卷,人民出版社2009年版,第399页。
②　《马克思恩格斯全集》第2卷,人民出版社1957年版,第342页。

使人感到受不了。"①

　　工人阶级的悲惨生活不仅局限于需要忍受环境污染的蹂躏,他们还必须在极其糟糕的居住条件中生存下去。恩格斯用了二十个月的时间亲自考察了19世纪世界最大工业城市——曼彻斯特工人的居住环境。依据他的记载,曼彻斯特城市分为旧城与新城(又称为爱尔兰城)。旧城区房子的排列大半是纯粹出于偶然的,胡乱的建筑使得旧城区形成了许多大杂院,走出一个大杂院又走进另一个大杂院,这是旧城区房屋布局的真实写照。大杂院内的房子大多数是矮小、破旧、潮湿而又肮脏的平房,不同的平房之间堆满着四处可见的垃圾、脏东西和废弃物。在恩格斯看来,现代社会中这些"奴隶"的住屋并不比杂在他们小屋中间的那些猪圈更干净些。对此,他痛心疾首地评论道:"对这个至少住着两三万居民的区域,我还远没有把它的肮脏、破旧、昏暗和违反清洁、通风、卫生等一切要求的建筑特点十分鲜明地表现出来。"②工人阶级居住的环境之所以如此脏乱,很重要的一个原因是由他们的经济地位所决定的。与那些体面的市区相比,工人们一切用来保持清洁的东西都被剥夺了。因此,他们不得不把所有的脏水、废弃物和垃圾倾倒在街上。需要指出的是,工人在曼彻斯特新城居住的环境并不像资产阶级所宣称的那样美好,尽管这里有铺砌过的街道,但是肮脏的情形与旧城区并无差异。

　　与工人破败、狭小、肮脏的居住环境相比,无产阶级工作环境的恶劣程度有过之而无不及。马克思恩格斯在考察城市工人的体格、智力和道德面貌时搜集了关于各种工厂的极为详细的资料,在此基础上,他们具体分析了不同工种的环境污染及其对工人们身体和精神的残害。

---

① 《马克思恩格斯全集》第2卷,人民出版社1957年版,第331页。
② 《马克思恩格斯全集》第2卷,人民出版社1957年版,第335页。

在工业革命初期,棉纺织业和采矿业是工业生产的主要部门,在这些生产部门工作的工人是狭义的工厂工人。面对这些资格最老、人数最多、力量最大的工人们,资产阶级所思考的只是如何尽可能地榨干他们最后一滴血汗,那种去改善工人生产和生活的自然环境条件的投资行为根本不在他们的考虑范围之内。

在棉纺织业的工厂中,工人们的工作环境通常具有以下几个特点。其一,厂房低矮、拥挤。为了提高产品的产量,资本家们往往在工厂里堆满了机器,狭小的厂房内一般仅留下可供原料和货物运送以及工人行走的空间,加上工人人数众多,这使得原本局促的空间更加拥挤不堪。其二,空气潮湿、闷热,通风条件差。纺织厂里的空气又暖又潮,这种情况下通常缺乏足够的氧气,很多时候给人一种窒息的感觉。其三,空气中充满尘埃和机器油蒸发的臭气。长期在肮脏、拥挤、满是尘土的或者潮湿而又闷热的环境中工作,会使工人们的身体逐渐衰弱和退化。最为有力的例证是,那些在工厂里工作的纺织工人往往都比一般人要显得更为苍白而消瘦,因为他们工作时极少有时间能够呼吸到新鲜的空气。尽管如此,比起新鲜空气的匮乏所造成的影响,工厂中弥漫的尘埃对人体的伤害则更为致命。恩格斯指出,在棉纺织业工厂工作的工人由于吸入过量的织维屑而罹患上肺部疾病的现象十分普遍,最普通的后果是出现哮喘的各种症候如呼吸困难、咳嗽以及吐血等,情形最严重的则会变成肺结核①。采矿业的工作环境同样如此,工人们每天都在潮湿、狭窄的巷道里劳动,空气中还夹杂着尘土、炸药烟以及瓦斯等有害物质。唯利是图的矿主为了降低生产成本通常不会安装良好的通风设备,这使得许多矿井工人在二三十岁之间就罹患上各种痛苦而又危险的肺部疾病,包括一种矿井工人特有的"黑痰病"。"黑痰病"主要是由细微的

---

① 参见《马克思恩格斯全集》第2卷,人民出版社1957年版,第449页。

煤屑吸入肺的各个部分造成的,得这种病的工人往往会出现吐黑色的浓痰、呼吸困难、头痛以及全身衰弱等症状。恩格斯强调,这种病原本是可以避免的,因为"在一切通风设备好的矿井里,这种病根本看不到"①。

除了上述传统工业生产部门以外,马克思恩格斯还考察了一些其他劳动部门中从事漂白、打磨、陶器制造和玻璃生产等行业的工人所面对的环境污染及其危害。在这些生产部门中,工人们所遭受的环境污染主要是由空气中的有害尘埃物质和有毒气体所引起的,这也是造成工人常常罹患各种肺部疾病的主要原因。例如,马克思在《资本论》中考察剥削上不受法律限制的工业部门时提到,由于缺乏必要的防护措施,从事陶业生产的工人们深受砷、铅等有毒材料的毒害,因此,"他们最常患的是胸腔病:肺炎、肺结核、支气管炎和哮喘病"②。

通过对工人生存环境状况的考察,马克思恩格斯认为,无产阶级在资本主义工业化的历史进程中不仅受到资产阶级关于剩余价值的剥削,而且还遭受着生态压迫和环境剥削。换言之,由生产力的大发展所推动的资本和国民财富的迅速增长并没有为无产阶级(多数为失去土地的农民)带来多少可观的实际利益,相反,他们在这场工业革命中失去不止是一切物质财富,还包括维系人的生存和发展所必需的基本生态权益,而这也恰恰构成了马克思恩格斯展开对资本主义生态批判的缘起。

(二)马克思恩格斯对资本主义工业的生态批判

在全方位揭露了无产阶级所面临的恶劣地生态环境状况之后,马克思恩格斯进一步对引起资本主义社会人与自然关系急剧变化的原因进行了深刻剖析。在他们看来,无产阶级实际上生活在一个阶级矛盾与生态矛盾交

---

① 《马克思恩格斯全集》第2卷,人民出版社1957年版,第536页。
② 《马克思恩格斯全集》第44卷,人民出版社2001年版,第284页。

织的时代,资本主义通过野蛮的方式征服自然和剥削工人剩余价值以获取高额的利润,这不仅导致了阶级矛盾和冲突愈发尖锐,而且也造成了人与自然关系的高度紧张,而引起这种变化发生的直接原因就是工业革命以来生产方式的变革。因此,马克思恩格斯首先将生态批判的矛头指向了以社会化的机器大生产为物质条件的资本主义工业。

马克思恩格斯所处的时代是工业革命飞速发展的时代,资本主义工业的大发展和大繁荣是这个时代最显著的特征。自18世纪末期以后,机器大工业逐渐取代工场手工业成为了资本主义生产方式的典型形式。马克思恩格斯认为,资本主义机器大工业的建立在提高社会生产力和增加社会财富的同时,也带来了一系列社会问题和环境问题。

从资本主义生产方式的形成过程看,机器大工业的产生建立在资本的原始积累的基础上。机器大工业的生产是社会化的大生产,这种生产方式的确立一方面需要大量的自由劳动者以供劳动力市场进行买卖,另一方面则需要存在少数人拥有大量的货币、生产资料、生活资料进而购买他人的劳动力来增殖自身所占有的价值总额。只有当这两个条件都具备时,以雇佣劳动为主要特征的资本主义社会化的机器大生产才能实现。马克思在分析资本积累与资本主义生产的关系时指出,资本的原始积累"不是资本主义生产方式的结果"①,而是它的起点和发展前提。需要指出的是,资本的原始积累的方法决不是田园诗式的东西,在资本原始积累的过程中,大量的农民突然被强制地同自己的生存资料(土地)分离,被当做不受法律保护的无产者抛向劳动市场,从而与城市化和以工厂为基础的生产联系在一起。应当说,对农业生产者即农民土地的暴力剥夺,形成资本原始积累这一全部过程的基础。但是,资本原始积累的所造成的影响还远非如此,失去生产资料

---

① 《马克思恩格斯文集》第5卷,人民出版社2009年版,第820页。

的无产者为了生存被迫到大城市出卖自身的劳动力以换取基本的物质生活资料,这使得汇集在各大中心的城市人口越来越多。人口向城市集中,一方面将会破坏人和土地之间的物质变换,从而破坏土地持久肥力的永恒的自然条件;另一方面也将使得城市环境问题愈发突出,包括由人口急剧增长所引起的空气含氧量的锐减、城市垃圾和生活污染对生态环境的破坏,等等。换言之,资本原始积累的代价不仅仅包括对农民生产者财富的掠夺,而且还滋生了破坏生态环境的"土壤"。

从资本主义生产方式的运行特点看,机器大工业生产遵循"大量生产——大量消费——大量废弃"的原则。之所以遵循这样的运行原则,主要是由资本增殖的内在属性所决定的。马克思在《资本论》中指出:"生产剩余价值或赚钱,是这个生产方式的绝对规律。"[1]也就是说,尽可能地获取更多的利润或剩余价值构成资本主义生产的直接目的和根本出发点。为了达到资本循环式增殖的目的,企业经营者往往会持续不断地扩大生产规模,进而使资本主义生产呈现出一种无限扩大的趋势。这种扩张性生产在个别企业中虽然具有一定的计划性和组织性,但是在整个社会生产上却是盲目的,由此所带来的直接后果便是以生产过剩为表征的周期性经济危机的爆发。与此同时,这种盲目的扩张性生产也是与生态理性相抵牾的。一方面,资本主义生产必须以自然界的原料供应为物质前提,抛开自然界,工人就失去了创造的最初源泉,盲目的扩张性生产将会对地球上有限的自然资源和自然承载力形成极大的压力;另一方面,被资本支配的生产带有一定的强制性,自然界的优先性地位根本不在资本家的考量范围之内,他们恨不能把一切能够利用的自然生态要素尽快地送上由资本主宰的"生产链条"之上,因此,盲目的扩张性生产必然会对自然环境造成巨大的破坏。正如恩格斯所

---

① 《马克思恩格斯文集》第5卷,人民出版社2009年版,第714页。

说,"当一个资本家为着直接的利润去进行生产和交换时,他只能首先注意到最近的最直接的结果"①,而对自然环境的破坏则是完全可以被忽视的。

马克思恩格斯对资本主义工业生产的生态批判,也包含了对被生产状态决定的消费方式的批判。生产与消费的辩证关系表明,生产规模的扩大必然要求市场消费需求的增加。如果资本主义生产者生产出来的商品没有被卖出去消费掉,资本家就无法获得利润,资本增殖的目标便无从谈起。所以,为了使工人的消费需求与不断扩张的生产规模相匹配,资本家会想方设法地通过利用各种中间媒介包括电视、报纸、杂志等商业广告来最大限度地创造许多虚假的消费需求,从而诱导消费者去购买那些实际上他们并不真正需要的消费品。正如马克思在《1857—58 年经济学手稿·笔记 II》中所说:"资本家不顾一切'虔诚的'词句,寻求一切办法刺激工人的消费,使自己的商品具有新的诱惑力,强制工人有新的需求等等。"②这种带有异化性质的消费看似是为了满足广大工人的生活需要,实际上只是资产阶级为了捕获最大化的利润的手段。更为重要的是,这种无节制的泛滥消费会逐渐压垮"自然的界限"。这是因为,被资产阶级"操纵"和"生产"出来的各种琳琅满目、层出不穷的虚假消费需求,最终都将转嫁到对工人剩余价值的剥夺以及对自然界的疯狂掠夺上,久而久之,自然界不可避免地变成了生成利润的工具性"有用物",沦落为私人财富的纯粹来源。与此同时,由大量生产所支持的大量消费必然要产生大量的废弃物,在为消费而消费的过程中,有些东西甚至在还没有充分使用的情况下就被接连不断地作为废弃物而扔掉,"消费是美德"、"用过就扔"的过剩消费文化在无形中得到助长。一旦因为生产过剩而导致消费品的市场价格过低时,资本家为了获得高额的利润便会大量的积压和捣毁产品,这不仅使自然资源遭到巨大浪费,而且让被

---

① 《马克思恩格斯全集》第 20 卷,人民出版社 1971 年版,第 521 页。
② 《马克思恩格斯全集》第 46 卷(上册),人民出版社 1979 年版,第 247 页。

捣毁的产品任意堆积和倾倒至大自然中,会对生态环境造成二次伤害。从大量生产、大量消费再到大量废弃,资本主义工业生产俨然成为了一种两重、三重地产生废弃物的逆生态性生产体制。

除此之外,马克思恩格斯还注意到了由资本主义工业的全球扩张所带来的生态正义问题。在他们看来,基于利润增长的需要,资本必然会在全球范围内寻求发展空间而扩展世界市场。而伴随着贸易自由和世界市场的建立,资本主义工业便会在资本全球化的推动下开始全球扩张的历史进程。在这一历史进程中,一方面落后国家的封建社会生产关系在价格低廉的商品冲击下逐渐土崩瓦解;另一方面,一切国家的生产和消费都成为世界性的了,许多民族国家因此被纳入资本利益主宰的世界体系之中,成为资本主义国家掠夺资源、转移污染、倾倒废料的"生态殖民地"。由此可见,环境问题的产生与资本全球化实际上是同一历史过程。马克思恩格斯的这一批判性分析对于我们今天从资本的全球化以及资本的全球分工这一宏观视角来把握当前社会主义国家的生态问题具有极其重要的理论价值和现实启示。

总之,马克思恩格斯没有抽象地阐释资本主义工业生产与生态问题的内在关联,而是立足于资本主义生产方式的形成过程和运行特点,从资本原始积累、资本增殖的内在属性对生产与消费的影响以及资本的全球扩张三个方面揭示了资本主义工业的逆生态性。

(三)马克思恩格斯对资本主义农业的生态批判

马克思恩格斯对资本主义农业的关注起源于 19 世纪以来的土壤肥力危机和第二次农业革命。作为整个欧洲和北美资本主义经济发展所共同面临的主要问题之一,"土地衰竭"在 19 世纪 30 年代左右引起了一场社会恐慌和化肥需求的显著增长。为了解决土壤肥力的枯竭问题,欧洲和北美的农场主们在此期间利用世界市场从全球各地进口骨骼、鸟粪(含有很高的氮和磷酸盐)等天然生物肥料以提升和改善土壤的质量。以英国为例,从秘鲁进口的海鸟粪从 1835 起开始抵达利物浦,"到 1841 年共进口了 1700吨,而到 1847 年则进口了 220000 吨"。① 土壤退化的现实问题使得各个资本主义国家对海洋中鸟粪岛屿的争夺进入了白热化状态,仅美国一个国家在 1856 年至 1903 年间就从全世界攫取了 94 个岛屿和岛礁。然而,令人感到遗憾的是,资本家很快就发现,进口天然肥料并不能从根本上解决本国的土地衰竭问题。

与此同时,资本主义农业对增加土壤肥力的需求,推动了以现代土壤科学的发展和化肥工业的增长为特征的第二次农业革命的兴起,人们开始从自然科学的角度对土壤展开研究,以期通过改变土壤的化学成分来提升土壤肥力。1842 年,英格兰的农学家劳斯发明了制造可溶性磷酸盐的方法,从而成功研制了第一种农业化肥。客观地讲,农业化肥的使用在最初的确产生了巨大效果,但李比希发现,受最小养分律(土壤的整体肥力受制于最不充分的营养成分)的影响,这种使用效果会逐渐减弱。另一方面,受劳动分工发展以及城乡对抗加剧的制约,资本利用土壤化学重大成就的能力有限,这不仅没有能够缓解资本主义农业的危机感,相反却只是有助于生态破坏过程的理性化。上述情况使得马克思深刻地认识到,通过技术性的方法——人工合成肥料——也不能解决土壤肥力衰竭的问题,因为它的根源在于资本主义农业生产方式的不可持续性。因此,到了 19 世纪 60 年代,马克思恩格斯关注的视角已经开始从农业改良的方法逐渐转化为对资本主义农业的生态学批判。

其一,对"土地异化"的批判。作为人类生产活动的首要条件,土地的重要性不言而喻。但是,在资本主义大农业生产方式下,土地也同工人一

---

① [美]约翰·贝拉米·福斯特:《马克思的生态学——唯物主义与自然》,刘仁胜、肖峰译,高等教育出版社 2006 年版,第 167 页。

样,成为了被剥削的对象。一方面,资本主义大农业以经济和非经济的手段迫使原有的小农经济退出历史舞台,许多世世代代生活在农村的农民失去了赖以生存的土地而成为被剥削的雇佣工人;另一方面,租地农场主和土地所有者为了增加财富,并没有对土地这个人类世世代代共同的永久的财产进行合理地经营,而是采用了滥用和剥削的方式。长此以往,土地变得日益贫瘠,土壤肥力的衰竭程度甚至已经到了无法维持再生产的地步。恩格斯在《反杜林论》中提到,在北美洲"南部的大地主用他们的奴隶和掠夺性的耕作制度耗尽了地力,以致在这些土地上只能生长云杉"①。盲目的掠夺欲所造成的"地力枯竭"带来了更为严重的后果,它使得原本能够自给自足的农业已经无法再在自己内部顺利地找到它的生产条件,典型的例证是英国从国外进口海鸟粪对本国的田地施肥。实际上,人类只是土地的占有者和利用者,当他为后来人而降低了土地的价值时,他就是在"犯罪"。因为相比较于浪费掉的劳动而言,用来掠夺土地肥沃物质资本的雇佣劳动更加恶劣,前者只是对当前一代人的损失,后者则会对土地自然力进行滥用和破坏进而造成"地力枯竭",成为后继子孙对"贫穷"的承继。因此,马克思强调,人类必须像"好家长"那样,把改良后的土地传给后代,而不能"只是在它的影响使土地贫瘠并使土地的自然性质耗尽以后,才把注意力集中到土地上去"②。

其二,对非理性经营方式的批判。与建立在归还原则基础之上的理性农业不同,资本主义农业的经营方式是一种非理性的掠夺式经营。所谓掠夺式经营,就是指以获取近期利润为目的而滥用土地资源、不注重土壤改良与保护的农业经营方式。这种经营方式的出现与资本主义大土地所有制的土地使用形式密切相关。通常情况下,由封建土地所有制和个体农民土地

---

① 《马克思恩格斯全集》第20卷,人民出版社1971年版,第192—193页。
② 《马克思恩格斯全集》第26卷(第三册),人民出版社1974年版,第332页。

所有制演变而成的资本主义土地私有制,是一种土地所有权与经营权相分离的土地所有制形式。也就是说,土地所有者不必是土地的实际经营者,而负有经营职能的农业资本家也不必是土地拥有者。恩格斯在《政治经济学批判大纲》中指出:"竞争就使资本与资本、劳动与劳动、土地占有与土地占有对立起来,同样又使这些要素中的每一个要素与其他两个要素对立起来。"①所有权和经营权相分离的基本特征使得上述竞争关系也同样适用于土地所有者和农业资本家,因为二者存在不可避免的利益博弈,这种博弈在改善农业的投资问题上表现得尤为明显。一般而言,土地所有者为了达到不断提高租金的目的很少会与农业资本家签订长期协议,而农业资本家考虑到改良土地的投资回报时效,往往倾向于避免对土壤进行改良和保护。长此以往,土地就会因为输入与输出的失衡而逐渐衰竭。与此同时,缺乏稳定租赁关系和主体责任的租地农场主即农业资本家为了追求短期利益,甚至会不惜破坏和滥用土地。为了节约成本和提高生产效率,他们往往会多次使用人工合成的肥料,这种方式虽然能够在短期内提高土地肥力,增加产量,但最终会造成土地硬化和土地质量严重下降等不良后果。

其三,对土壤养分循环中断的批判。马克思敏锐地指出,与资本主义农业相伴而生的土壤养分循环的中断造成了土地天然肥力的下降。在他看来,引起土壤养分循环中断的原因是多方面的,但是主要原因有两个。一是人口向城市集中破坏了人和土地之间正常的物质变换。机器在农业中的大规模应用使得农业对人口的需求下降到最低限度,大量失去土地的农民涌入各大中心城市。马克思在《资本论》中提到:"在剑桥郡和萨福克郡,最近二十年来耕地面积大大扩大了,但是在这一时期农村人口不但相对地减少了,而且绝对地减少了。"②农村人口锐减所产生的直接后果是,"人以衣食

---

① 《马克思恩格斯文集》第 1 卷,人民出版社 2009 年版,第 83 页。
② 《马克思恩格斯全集》第 23 卷,人民出版社 1972 年版,第 551 页。

形式消费掉的土地的组成部分不能回到土地",从而造成了土壤养分的枯竭。① 在马克思看来,作为自然界完整地新陈代谢循环的重要部分,人类社会的生产排泄物(工业和农业的肥料)和消费排泄物(人的自然排泄物以及消费品被消费以后残留下来的东西)都应当通过再利用返还到土壤中去,其中,消费排泄物对农业最为重要。这不仅有利于增强土壤的自然肥力,维持土地再生产的效力,而且有利于减少由工业生产和消费的废弃物所带来的生态破坏和环境污染。二是由城乡之间的分离及其引起的远距离贸易加剧了土地营养的流失。在机器大工业的推动下,分工和市场的扩大逐渐打破和消除了生产与交换的地域封闭状态,城乡分离由此产生。城乡之间日益加剧的对立与分离使得处于劣势地位的乡村沦为了城市廉价劳动力的储备场所和生产的原料基地。于是,资本主义农业除了供应农村劳动者所必需的产品以外,它还承担着城市人口生产和生活的基本物资需求。以各种食物和服装纤维等不同形式呈现的农产品把大量的土壤成分转移到了大城市,而这些从土壤中移走的养料是无法再回到土地中的,这就在无形中加剧了土壤养分的流失。

通过对资本主义的生态批判,马克思恩格斯深刻揭示了资本主义工业、农业等生产方式的不可持续性,这不仅为人们洞察资本主义社会的环境问题提供了理论基础,而且加深了我们对资本主义制度反生态性的本质认识。在他们看来,生态可持续的概念对资本主义社会来说具有非常有限的实用性,因为资本主义不可能在人与自然关系的任何领域真正应用理性的科学方法,这是由资本主义制度的固有特征同生态可持续发展之间的内在矛盾所决定的。而且,这种矛盾不会因为科学和技术的发展而消亡。

---

① 《马克思恩格斯全集》第23卷,人民出版社1972年版,第552页。

三、马克思恩格斯共产主义理论的生态维度

理论批判不是目的,更为重要的任务是在批判旧世界中发现新世界。这不仅是马克思恩格斯实践理论的特征之一,而且是他们得以超越其他思想家的原因所在。因此,在对资本主义展开生态批判的同时,马克思恩格斯也就如何解决资本主义社会下的生态问题,建构生态型共产主义社会进行了理论上的探索。在这一探索过程中,他们提出了"人同自然界和解"以及"人同自身和解"(简称"两个和解")的思想,并对未来共产主义社会生态文明的美好图景和基本特征做出了预测和设想。

(一)"两个和解":共产主义社会的重要理想

与空想社会主义等其他学说不同,马克思恩格斯并没有对代表人类社会发展终极形态的共产主义社会作出完整的制度设计与构想,而是专注于资本主义社会的现实批判,进而揭示出人类社会发展的一般规律。

在 1842 年 11 月到 1843 年底期间,通过对英国工业发达地区曼彻斯特的考察,恩格斯敏锐地观察到,资本主义自由经济在获得飞速发展的同时也面临着周期性的商业危机等内在不可调和的矛盾。而为了掩盖这一矛盾,资产阶级经济学家放弃了无偏见的科学研究,转向不遗余力地为以自由竞争为基础的经济体系作辩护,试图以此来缓和资产阶级同无产阶级的对立与斗争。为了揭露资产阶级政治经济学背后的阶级性和论证社会主义的必然性,恩格斯于 1844 年 2 月在《德法年鉴》上发表了《国民经济学批判大纲》一文。在这篇文章中,恩格斯不仅梳理了政治经济学发展演变的历史进程,而且对价值、竞争等基本范畴及其所产生的结果进行了批判性分析。在这一过程中,恩格斯从被剥削和压迫的无产阶级的立场出发,首次

提出了"两个和解"的概念。他强调，经济学家"瓦解一切私人利益只不过替我们这个世纪面临的大转变，即人类与自然的和解以及人类本身的和解开辟道路"①。

随后，马克思在《1844年经济学哲学手稿》中从劳动异化以及由此带来的人和自然的双重异化的角度对这一思想进行了深入阐发，并且进一步把它提升为共产主义社会的基本原则。马克思指出："这种共产主义，作为完成了的自然主义，等于人道主义，而作为完成了的人道主义，等于自然主义，它是人和自然界之间、人和人之间的矛盾的真正解决。"②从这段论述中可以推断出，马克思所设想的共产主义既是一个人与社会和谐的社会，也是一个人与自然和谐的社会，它内在蕴含着"两个和解"的价值目标。以上表述是马克思恩格斯关于"两个和解"思想的直接性阐释，此后他们又在《反杜林》《自然辩证法》以及《资本论》等著作中对这一思想的意涵及其相互关系进行了理论上的解读。

那么，何谓"两个和解"，它的真正意涵是什么？

"人类同自然的和解"的实质是要消除人与自然之间的敌对紧张状态，通过人与自然之间的良性互动构建一种合理、协调的物质变换关系，最终实现自然和社会在共存共荣中的可持续发展。而"人类同自身的和解"，旨在通过变革不合理的生产关系，进而消除人的自我异化现象，使人能够"以一种全面的方式，就是说，作为一个总体的人，占有自己的全面的本质"③。

马克思恩格斯认为，人类同自然和解的过程与人类同自身和解的过程始终是相伴随的，它们是相互依存和相互作用的有机整体。

一方面，"人类同自然的和解"是"人类本身的和解"的物质基础。从物

① 《马克思恩格斯文集》第1卷，人民出版社2009年版，第63页。
② 《马克思恩格斯文集》第1卷，人民出版社2009年版，第185页。
③ 《马克思恩格斯全集》第3卷，人民出版社2002年版，第303页。

质本体论的角度出发,马克思恩格斯曾经反复强调,自然界是人的存在和发展不可或缺的先决条件,它为人类提供了必要的生活资料、劳动工具和原料。作为一种革命性的社会历史实践,"人类同自身的和解"(从某意义上也可称为"人的解放")同样无法脱离自然界而独立存在,它必须以人与自然的和解为前提条件。然而,在资本主义制度和生产方式的作用下,自然界并不表现为人的类生活的对象化以及人的作品和人的现实的对象,而成为与人相对立的异化的自然界,成为敌视人的对象。在此意义上,如何消除人与自然之间的异化和对立,实现人类同自然的和解,便成为了亟待解决的时代任务。对此,马克思恩格斯认为,实现这种和解,既不是泯灭人的主体性、能动性和意志自由最终消极地回归原始自然,也不是将人的地位凌驾于自然之上,一味地强调对自然的征服和改造,而是主张在利用和改造自然的实践过程中不断增强对自然界客观规律的认识,促进实现人与自然的和谐相处。事实上,只有建立人与自然的合理物质变换关系,实现人与自然的可持续发展,"人类同自身的和解"才能够获得源源不断的物质生活资料。反之,人的发展和解放就会遭受限制。正如马克思所说,"当人们还不能使自己的吃喝住穿在质和量方面得到充分保证的时候,人们就根本不能获得解放"①。由此可知,马克思并没有脱离人类所处的各种关系来抽象地研究"人类本身的和解",而是始终将"人类本身的和解"与人类所处的自然环境及其相互关系紧密地联系在一起。

另一方面,"人类本身的和解"是"人类与自然的和解"的社会前提和根本保障。马克思在《雇佣劳动与资本》中指出:"为了进行生产,人们相互之间便发生一定的联系和关系;只有在这些社会联系和社会关系的范围内,才会有他们对自然界的影响,才会有生产。"②质言之,人与自然之间的物质交

---

① 《马克思恩格斯文集》第1卷,人民出版社2009年版,第527页。
② 《马克思恩格斯文集》第1卷,人民出版社2009年版,第724页。

换实践是在一定的社会条件和社会关系中实现的。起初，囿于个体生产能力和水平的限制，为了促进物质生产实践活动的深入以满足社会成员更加广泛的需要，人们在生产过程中形成了既分工又合作的特定的生产关系。但是，随着生产能力的提高和社会交往的扩大，物质生产实践已经远远超出了维持人类社会基本物质需要的直接目的，而是愈发成为服务于价值生产的手段。尤其是在资本主义制度下，人类利用和改造自然的实践过程受到特定的生产关系的影响和作用，逐渐演变为资产阶级盘剥和掠夺自然力与劳动力的过程，人与自然的关系、人与社会(人)的关系都被资本主义对自然和金钱的占有欲所支配。这表明，在长期的历史演进中形成的各种社会生产关系一旦形成，将会成为影响和制约人与自然之间关系的决定性力量。也就是说，一定的社会形态必然制约和框定着人与自然关系的既存形式与发展，如果无法解决好人与社会(人)之间的矛盾，也就无法实现人类与自然之间的和解。

实现"两个和解"不仅是单纯的价值理想，而且是社会进步的总体要求，二者将在共产主义社会中得到统一。马克思在《资本论》中指出："社会化的人，联合起来的生产者，将合理地调节他们和自然之间的物质变换，把它置于他们的共同控制之下，而不让它作为一种盲目的力量来统治自己；靠消耗最小的力量，在最无愧于和最适合于他们的人类本性的条件下来进行这种物质变换。"①马克思在这里所说的"社会化的人"以及"联合起来的生产者"，就是马克思恩格斯所设想的共产主义社会下的理想状态；而他所强调的两个"最"字，即"最无愧于"和"最适合于"人类本性的条件下来进行物质变换，既指人与自然之间物质变换的和谐，又指人类自身身心的和谐，突出了"两个和解"在共产主义社会形态中的统一性。恩格斯在《社会主义从

---

① 《马克思恩格斯文集》第 7 卷，人民出版社 2009 年版，第 928—929 页。

空想到科学的发展》一文中也表达了类似观点,他强调,实现人类从必然王国向自由王国飞跃,即进入共产主义社会时,社会将实现对生产资料的占有,商品生产及其所带来的各种异化统治也会随之消除,个体生存斗争即人与人之间矛盾将不复存在,取而代之的是人类自觉的自由行动;自然界也将不再是作为人类异己的对象和力量而存在,人类将"第一次成为自然界的自觉的和真正的主人"①。

(二)制度变革是实现"两个和解"的根本途径

作为人类社会的终极目标和远大理想,实现"两个和解",毫无疑问是共产主义的内在规定和基本要求。但是,通过对资本主义的批判性考察,马克思恩格斯发现,由生产力的大发展所推动的资本和国民财富的迅速增长并没有为无产阶级(多数为失去土地的农民)带来多少可观的实际利益,相反,他们在这场工业革命中失去不止是一切物质财富,还包括维系人的生存和发展所必需的基本生态权益。换言之,在资本主义生产方式的影响和作用下,不仅存在异化劳动和人的异化等现象,自然与社会(人)之间的新陈代谢也发生了断裂和异化。

"新陈代谢"是马克思在论述生产方式时多次使用的一个概念,它在马克思生态思想的孕育、形成和发展的过程中发挥了关键性作用。正是借助于新陈代谢的概念,马克思恩格斯揭示了资本主义生产方式同劳动者以及自然界的客观规律相异化的过程。而对于这种异化和对立产生的原因,马克思恩格斯则把它归咎于资本主义私有制与不合理的资本生产模式。在他们看来,资本主义对自然界(狭义上的)的掠夺与人(劳动者)的剥削是同一历史过程,因此,正如"工人阶级处境悲惨的原因不应当到这些小的弊病中

---

① 《马克思恩格斯文集》第9卷,人民出版社2009年版,第300页。

去寻找,而应当到资本主义制度本身中去寻找"①一样,自然异化与生态异化产生的最终根源也应该在资本主义私有制中去探寻。客观地讲,私有者的阶级本性决定了他们不可能以可持续的方式对待自然界,自然界只是他们获取自身私利的一种工具。即使出于维持其自身生产的需要,他们会以可持续的方式对待作为生产条件的自然和关心作为劳动者生存环境的自然,但是,这里的自然也已经被整合为剥削和压榨劳动者的工具。实际上,自然界一旦进入资本的生产领域,就无法摆脱被资本最大限度盘剥的命运,这是自然界在资本主义私有制作用下的宿命。而且,相比较于资本对劳动力剥削的残酷程度而言,资本对土地、瀑布等自然力所进行的剥削、掠夺与浪费有过之而无不及。显然,资本主义私有制不仅使人和人的关系以异化的方式呈现了出来,而且使人和自然的关系以异化的方式表现出来。基于此,马克思恩格斯进一步具体分析了私有制作用下资本主义生产和消费与生态环境之间的内在冲突。

从生产的角度看,资本主义生产是一种以创造剩余价值为目的的生产活动,这种生产的性质和目的决定了它会突破一切外在的障碍来最大限度地获取利润。马克思曾经指出:"资本主义生产过程的动机和决定目的,是资本尽可能多地自行增殖,也就是尽可能多地生产剩余价值。"②这就意味着,资本主义生产不会局限于满足人们的基本生活需要的限度,而是会不断地扩大生产规模和追求经济增长。然而,对于这种无节制的扩张所带来的资源成本和环境风险,在他们看来是可以忽略不计的。事实上,无论是生产规模的扩大,还是经济总量的增加,都是以资源能源的迅速消耗为代价的,同时还会在自然界制造更多的垃圾和废料。随着时间的推移,资本主义生

---

① 《马克思恩格斯文集》第 1 卷,人民出版社 2009 年版,第 368 页。

② 《马克思恩格斯全集》第 44 卷,人民出版社 2001 年版,第 384 页。

产对财富追求的无限性和生态环境承载能力的有限性之间必然产生冲突，当人类对自然界的索取超出地球的生态阈值，生态环境的结构和功能就会遭到破坏。

从消费的角度看，资本主义条件下的消费方式是一种无节制的异化的非理性消费。而造成消费异化的原因在于人的社会关系的异化。马克思认为，资本主义社会下生产力的空前发展使得社会产品不断增多，人与人之间的物质交换更加普遍，这种普遍交换使得"他们的相互联系，表现为对他们本身来说是异己的、独立的东西，表现为一种物"①。也就是说，人与人的关系异化成为了一种物与物的关系。在这种物化的社会关系中，人的主体性和能力不再体现为个体的自由而全面的发展，而是体现为对物即商品的占有和消费。如此一来，人们便会不断通过消费的方式来证明个体自身的价值与能力，原先基本的、合理的、理性的消费逐渐被无节制的、盲目的、畸形的异化消费所取代。但是，这种异化消费不仅会导致人们道德的堕落，而且会造成环境资源的浪费与破坏。

概而言之，资本主义私有制决定了资本主义生产不可能为真正的、普遍的、自然的需要而服务，而是为了寻求交换价值（也就是"利润"），自然需求的系统异化与资本主义生产的逐利性密不可分。同时，社会关系的物化所带来的非理性消费又进一步加剧了人与自然关系的紧张与恶化。通过以上分析，马克思恩格斯得出了如下结论：资本主义制度与生态之间的内在矛盾决定了资本主义不可能实现可持续性发展。因此，为了超越资本主义得以建立的、对自然的异化形式，进而消除新陈代谢断裂问题，建立生态型共产主义社会，首先必须变革资本主义制度，推翻资本主义对劳动和自然界进行剥削的特定关系。这是克服资本主义社会新陈代谢断裂和异化问题的

---

① 《马克思恩格斯文集》第8卷，人民出版社2009年版，第51页。

最终指向。正如恩格斯在《自然辩证法》中所强调的,要调节和控制资本主义生产活动的长远影响和社会后果,"需要对我们的直到目前为止的生产方式,以及同这种生产方式一起对我们的现今的整个社会制度实行完全的变革"①。

在推翻资本主义私有制的过程中,必须通过无产阶级革命这个助产婆才能使新社会降临。这是因为,作为社会生产过程的最后一个对抗形式,资产阶级的生产关系不会自动地扬弃自身,即使一个新的物质基础已经存在。在这个意义上,无产阶级的斗争(包括生态斗争)对于资本主义生产关系的变革无疑具有重要作用。与此同时,消灭私有制意味着要建立生产资料的公有制。生产资料公有制建立之后,"农业、矿业、工业,总之,一切生产部门将用最合理的方式逐渐组织起来"②,社会生产的目的不再是对于剩余价值的疯狂追逐,而是为了满足人民的真实需求。如此一来,人们合理地调节和控制人和自然之间的新陈代谢的现实障碍将不复存在。

需要指出的是,在消灭私有制这个问题上,我们必须清醒地认识到,社会主义实践的现实条件与马克思恩格斯关于共产主义社会的基本设想之间存在着较大差异,既不能由于中国在社会主义初级阶段所采取的具体措施而否认整个无产阶级革命的目标,也不能囿于彻底消灭生产资料私有制的最终要求而忽视生产力的客观基础,进而否认社会主义初级阶段的具体选择。尤其需要警惕的是近年来甚嚣尘上的"全盘私有化"的观点,该观点主张将私有化范围推广至包括自然资源在内的所有社会生活领域,认为只有私有制才能调动人们保护生态环境的积极性。事实上,如果将作为人类共同体资产的自然进行私有化,最终将会造成对整个人类生存和发展条件的剥夺。

---

① 《马克思恩格斯文集》第9卷,人民出版社 2009 年版,第 561 页。
② 《马克思恩格斯文集》第3卷,人民出版社 2009 年版,第 233 页。

（三）共产主义基本原则的生态文明意蕴

理论批判不是目的，更为重要的任务是在批判旧世界中发现新世界。这既是马克思恩格斯实践理论的特征之一，也是他们得以超越其他思想家的原因所在。在对资本主义展开生态批判，倡导实现资本主义生产关系彻底变革的同时，马克思恩格斯也就如何建构生态型共产主义社会进行了理论上的探索。在这一探索过程中，马克思恩格斯对未来共产主义社会生态文明的美好图景和基本特征进行了原则性的预测和描绘。

其一，负责任地对自然条件进行共同（联合）管理和使用。恩格斯在《共产主义原理》中指出，废除私有制之后，"工业和一切生产部门的经营权"①将由个体所有转向社会公有，即全体社会成员共同占有生产资料进行联合生产。与私有制截然不同的是，共同占有的财产所有制形式——财产公有——既是一种权利的保障，也是一种责任的归属。它规定人们在享有共同使用生产工具和分配全部产品的权利的同时，也有责任和义务规范自然条件的使用，并对自然条件进行有效的社会管理。在马克思恩格斯看来，它是取代私人所有的市场机制的可靠替代。以土地的共同占有和使用为例，联合一旦应用于土地，首先将实现分割的原有倾向即平等，同时，通过自由的劳动等合理的方式，"土地不再是牟利的对象"②，取而代之的是人与土地之间的温情的关系。这表明，当共同的体制通过自然条件使用者本身建立起来的联合体来运行的话，其效率是非常高的。需要强调的是，正如生产的其他条件一样，土地的共同所有"并不是要重新建立原始的公有制，而是要建立高级得多、发达得多的共同占有形式"③。在这种共同占有形式中，

---

① 《马克思恩格斯文集》第1卷，人民出版社2009年版，第683页。
② 《马克思恩格斯文集》第1卷，人民出版社2009年版，第152页。
③ 《马克思恩格斯文集》第9卷，人民出版社2009年版，第145页。

共同体占有者的主人翁意识将被完全激发,土地和其他自然资源将不再是纯粹服务于人类生产和消费需要的对象,相反,它们将被视为人类世世代代共同的永久的财产。

其二,秉持张弛有度的生态生活方式。根据人类社会发展的历史趋势,马克思恩格斯曾在多部著作中对共产主义社会下人的生活方式进行了大胆预测。在他们看来,建立在生产力极大发展基础上的共产主义社会是一个"各尽所能,按需分配"的社会,因而,人的生活方式也应当是极具多样性与差异性的。劳动将不再是人们谋生的手段,而是人们生活的第一需要,人们可以依据自身的兴趣来选择工作的时间、部门及类别,甚至可以做到"上午打猎,下午捕鱼,傍晚从事畜牧,晚饭后从事批判"①。马克思恩格斯在《德意志意识形态》中的这段精彩描述体现了他们对摒弃资本主义劳动分工限制后人类追求生活方式多样化的理想。尽管这个预测是相当遥远的未来,但是,为人类生产与生活提供多元化的选择无疑是发展人类潜能,实现人的自由全面发展的根本保证。然而,许多生态批评者却据此认为,马克思恩格斯所提出的"按需分配"以及多样化的生活方式必须以物质生产与消费的无限增长为前提,这势必会给自然资源和生态环境造成极大压力,最终背离生态良好的目标和要求。实际上,这种观点在本质上曲解了共产主义社会下人类需求体系的满足与人的自由全面发展之间的关系。一方面,马克思恩格斯虽然承认人的自由全面发展与物质需要的满足相联系,但是"按需分配"并不等同于"无限消费",这就意味着我们不能把共产主义归结为满足人们所有类型需要的无限扩张。否则,共产主义就会被矮化成为一种"不加限制地获取所有商品和服务,只求量而不求质的富足"的空想社会主义,这与马克思恩格斯所建构的共产主义理论实则相去甚远。另一方面,马

① 《马克思恩格斯文集》第 1 卷,人民出版社 2009 年版,第 537 页。

克思恩格斯在谈及共产主义社会的基本特征时,不仅提到了物质生活的充裕与富足,而且还强调了人们的"体力和智力获得充分的自由的发展和运用"①。在这样一个和人类本性相称的社会制度下,人们精神境界的极大提高将使过度消费和虚假消费等低俗化、庸俗化的需要失去滋养的"土壤"。由此可知,在共产主义社会中,人们所追求的多样化生活方式并不会与生态环境产生必然冲突,它是一种张弛有度、内含生态关怀和可持续性要求的生态生活方式。

其三,生态科学高度发展。人要生存和发展,就必须通过物质生产实践来获取必要的生活资料,因而,即使到了生产力高度发达的共产主义社会,人与自然之间的物质变换依然存在。这就意味着,人与自然之间的矛盾是客观存在的,它不会因为社会形态的日臻完善而自动消失,共产主义社会仍然要求人们合理地调节和控制人与自然之间的物质变换。马克思恩格斯认为,要实现这一要求必须推进生态科学的高度发展,促使生态知识在生产和消费等领域广泛传播和运用,从而奠定"合理地调节与控制"的科学技术基础。需要指出的是,调节和控制既不是要抑制人的正常需求,也不是杜绝人与自然之间的内在联系,而是通过理性的方式降低人的实践活动对自然界的长远影响。推动生态科学的发展和传播,能够帮助人们更好地认识和掌握人与自然之间的物质变换规律,最终实现对由于人的行动而引起的自然界变化的长期后果的预见和控制。与此同时,我们应当认识到,顺应生态系统所要求的实践知识不同于资本主义条件下发展起来的知识,生态知识往往包含限制和引导社会生产的方式和手段,以便保持和改善自然条件。在资本主义社会中,资本使所有类型的科学知识服务于剥削性的劳动,科学和生产者都处于异化的状态,自然科学和社会科学的人为分离在这一时期达

---

① 《马克思恩格斯文集》第9卷,人民出版社2009年版,第299页。

到历史顶端。而到了共产主义社会,自然科学和社会科学不再分离,"自然科学往后将包括关于人的科学,正像关于人的科学包括自然科学一样:这将是一门科学"①。也就是说,理论和实践的知识将以自然科学和社会科学联合的新形式表现出来。对于马克思而言,自然科学与社会科学的结合是人与自然内在统一的必然逻辑结果,这与马克思在《哥达纲领批判》中设想"把技术学校(理论的和实践的)同国民学校联系起来提出"②是一致的。

其四,在承认人类控制自然过程的有限性基础上规避自然风险。在马克思恩格斯看来,由于自然界存在着自然灾害如地震、台风、洪水等不可抗力的因素,因此,无论在何种社会形态下包括共产主义社会人类对自然的干预和控制总是有限的。既然自然法则决定了人类对自然的控制不能随心所欲,那么,人类就有必要在充分认识自然规律的基础上采取措施来规避生态风险。一般而言,防范自然风险最有效的手段在于认识自然,只有对客观事物及其规律形成正确的认识,才能够帮助我们提前预判和防范它所带来的严重后果,进而把损失和伤害降到最低限度。恩格斯曾经指出:"自由不在于幻想中摆脱自然规律而独立,而在于认识这些规律,从而能够有计划地使自然规律为一定的目的服务。"③在这里,"自由"是指人们认识和实践活动的一种状态,恩格斯实际上阐明了人类依据对自然界的必然性的认识来支配我们自己和外部自然的重要性,而这对于防范自然风险也是同样适用的。另一个方面,马克思恩格斯还反复强调,共产主义社会必须留出一部分剩余产品或者预置一种由于不可预测和不可控制的自然条件所引起的保险和基金,用来应付不幸事故和自然灾害。虽然他们没有用自然风险规避来直接规范共产主义的生产,但是他们认为,"从整个社会的观点来看,必须不断

---

① 《马克思恩格斯文集》第1卷,人民出版社2009年版,第194页。
② 《马克思恩格斯文集》第3卷,人民出版社2009年版,第447页。
③ 《马克思恩格斯文集》第9卷,人民出版社2009年版,第120页。

地有超额生产,也就是说,生产规模必须大于单纯补偿和再生产现有财富所必要的规模——完全撇开人口的增长不说——,以便掌握一批生产资料,来弥补偶然事件和自然力所造成的异乎寻常的破坏"①。

马克思恩格斯对生态问题的研究贯穿着整体性的视野和研究方法,他们不是孤立地研究生态危机和生态矛盾,而是始终把它置于自然、社会和人的紧密联系中加以考察。一方面,马克思恩格斯强调人与自然实践关系的社会历史性,认为自然界的存在和发展受到社会历史条件的制约,必须从人与自然相互作用的视角去研究和解决生态问题。因而,依据资本主义社会存在人与自然、资产阶级与无产阶级尖锐对立的客观事实,马克思恩格斯提出了"彻底变革资本主义制度"的主张。另一方面,马克思恩格斯则强调自然在本体论意义上的先在性,认为生产力的发展和人类实践首先要受到自然条件的限制,即便是在共产主义社会,依然必须承认最终的自然界限。基于此,马克思恩格斯在共产主义基本原则的描绘中没有忽视外在的自然王国,而是蕴含着丰富的生态文明构思,如"负责任地对自然条件进行共同(联合)管理和使用"、"秉持张弛有度的生态生活方式"、"生态科学高度发展"、"在承认人类控制自然过程的有限性基础上规避自然风险",等等。

---

① 《马克思恩格斯文集》第6卷,人民出版社2009年版,第198页。

第四章　基于唯物史观的全球性
生态危机根源再探讨

尽管我们看到马克思恩格斯已经从资本主义的制度批判层面对生态危机根源问题进行了深刻的分析。然而,"资本主义制度"是一个宏观、宽泛的范畴,我们仍然有必要借助于唯物史观所蕴含的生态文明理论基础及其方法论原则,对生态危机根源作进一步的阐述。与此同时,当前的生态环境问题已经发展成为了一个全球性问题,相比较于马克思恩格斯所处的资本主义时期已经发生了较大的变化,部分发展中国家包括社会主义国家也出现了一定程度的生态环境问题。那么,什么才是生态危机的根源,资本主义生产方式与生态危机有着怎样的内在逻辑关系? 为什么资本主义生态危机会扩展成为全球性问题? 这是本章拟解决的重要问题。

一、以唯物史观审视生态危机何以可能

面对日益增长的全球性生态危机的威胁,人们通常习惯从自然辩证法的角度予以考察,强调自然观、科学技术观、科学技术方法论,尤其是科学技术自身的生态变革在协调人与自然关系中的作用。但在解决生态问

题、贯彻和落实可持续发展战略的过程中,实际上涉及了一系列超出自然辩证法领域的问题,例如发展模式或道路、社会关系以及社会制度对人与自然关系的影响等,这就需要唯物史观的积极介入。而唯物史观之所以具备这种考察的可能性就在于它所蕴含的生态文明理论基础和方法论原则。

(一)唯物史观具备分析生态危机根源的理论基础

一般而言,生态危机反映的是人与自然关系的紧张与冲突,它表明人们在实践中对于自然规律与社会规律的相互作用及其关系缺乏正确的认知。而唯物史观之所以能够成为生态危机根源分析的指导思想和哲学基础,就在于自然规律和社会规律的辩证关系属于唯物史观的研究范畴。

在马克思主义哲学诞生以前,西方哲学家们通常只承认自然规律(主观唯心主义哲学除外)而否认社会历史规律。因为在他们看来,社会历史充斥着各种偶然性,是杂乱无章的,并无任何客观规律可言。马克思恩格斯通过创立唯物史观,揭示了人类社会自身的发展规律,从而为人们研究社会历史提供了一把科学的秘钥。在阐明社会发展一般规律的过程中,马克思恩格斯也深刻论述了自然规律与社会规律的辩证关系。

一方面,他们认为,自然界的发展规律与人类社会历史规律具有根本的区别。恩格斯指出:"社会发展史却有一点是和自然发展史根本不相同的。在自然界中(如果我们把人对自然界的反作用撇开不谈)全是没有意识的、盲目的动力,这些动力彼此发生作用,而一般规律就表现在这些动力的相互作用中。在所发生的任何事情中,无论在外表上看得出的无数表面的偶然性中,或者在可以证实这些偶然性内部的规律性的最终结果中,都没有任何事情是作为预期的自觉的目的发生的。相反,在社会历史领域内进行活动的,是具有意识的、经过思虑或凭激情行动的、追求某种目的的人;任何事情的发生都不是没有自觉的意图,没有预期的目的的。"①。也就是说,与自然界的物质运动、变化的无意识不同,社会规律是通过"人"这一主体的活动来表现和实现的,因此,他们在改造自然和社会本身的过程中不是盲目的,而是有意识和目的的。另一方面,马克思恩格斯强调,尽管自然界与社会之间存在着本质区别,但并不能因此将自然规律与社会规律割裂开来进行研究,因为二者也是相互联系、相互作用的。在这个问题上,把自然规律的作用绝对化而忽视人类社会和自然界的本质区别,会走向"自然主义"的历史观,看不到人对自然界的反作用;而一味地强调人类社会与自然界的本质区别而忽视自然环境对社会发展的作用,则会陷入"反自然"的历史观,将自然界排除在社会联系之外。对此,恩格斯在《自然辩证法》中批判道,自然主义的历史观是片面的,"它认为只是自然界作用于人,只是自然条件到处决定人的历史发展,它忘记了人也反作用于自然界,改变自然界,为自己创造新的生存条件"②,而"那种关于精神和物质、人类和自然、灵魂和肉体之间的对立的荒谬的、反自然的观点"③也是不可取的。从客观现实看,脱离社会的自然与脱离自然的社会,都是不可能存在的。

因此,马克思恩格斯反对撇开人的因素单纯研究自然规律或者抽象掉自然因素片面地研究社会现象的做法,而是主张从人的感性活动出发,即用实践的观点去研究自然和社会,从而确立了科学的历史观。实际上,伴随着人类实践的发展,自然规律和社会规律的相互联系和渗透越来越密切,自然和社会已经成为一个不可分割的统一整体。

---

① 《马克思恩格斯全集》第28卷,人民出版社2018年版,第356页。
② 《马克思恩格斯文集》第9卷,人民出版社2009年版,第483—484页。
③ 《马克思恩格斯文集》第9卷,人民出版社2009年版,第560页。

（二）唯物史观能够为生态危机根源分析提供方法论指导

恩格斯在晚年关于历史唯物主义的书信中强调："我们的历史观首先是进行研究工作的指南。"①作为对人类社会发展普遍规律的科学概括，唯物史观的理论价值不仅体现为它所阐明的一系列范畴和原理，而且体现为贯穿于该理论体系中的方法论原则在最高层次上对社会科学领域所起的总的、普遍的指导作用。这里的"普遍"，不仅指唯物史观适用于所有社会结构和所有社会形态，而且适用于自然领域。在自然领域，自然辩证法揭示了自然发展的一般规律，但如果没有唯物史观，就不可能完全揭示出自然界从原初自然向人化自然和人工自然的生成过程。也就是说，在人类实践中，自然已经成为一个社会建构的过程，在这个意义上，唯物史观同样适用于自然领域。那么，唯物史观究竟能够为生态危机根源分析提供怎样的方法论原则呢？

其一，"两个归结"的基本原则。在马克思以前的历史学家或哲学家，他们往往夸大了主观意志的作用，把社会历史发展的动力归结于人们的观念、理性、民族精神以及绝对观念等思想因素。这种解读实际上是唯心主义思想在社会历史领域内的运用与延伸，难以对社会生活及其历史发展作出科学的解释。为此，马克思提出了不同的观点，在他看来，"社会经济形态的发展是一种自然历史过程"②，观念现象是历史的客观反映，而不是历史发展的原动力。马克思指出，不是人们的思想关系决定物质关系，而是物质关系决定思想关系。马克思之所以能够得出这样的结论，是因为他从纷繁复杂的社会关系中划分出了生产关系即物质的社会关系，并把它看作其余一切社会关系的根源。为了从理论上证成社会形态的发展是历史的过程，

① 《马克思恩格斯文集》第10卷，人民出版社2009年版，第587页。
② 《马克思恩格斯全集》第23卷，人民出版社1972年版，第12页。

从而进一步揭示社会发展的客观规律,马克思强调,还必须把生产力看作是生产关系的决定性力量。列宁将马克思的上述思想概括为"两个归结"。作为唯物史观考察社会生活和历史发展的基本原则和基本方法,"两个归结"的重要思想已经被广泛运用于各个领域,其中,也包括人与自然关系的领域。而"两个归结"对生态危机根源分析的最大价值在于,它启示我们不能抽象地从价值观念维度上去探寻生态危机根源,而是应当透过人与自然关系恶化的本质,看到经济因素的根本作用,进而从社会制度和生产方式层面去加以剖析。

其二,系统的方法。马克思对社会历史现象的研究贯穿着系统的方法论原则,这主要体现在马克思总是把人类社会看作是一个活生生的有机体即有机系统,不仅对社会系统内部的结构、要素包括人、生产力、生产关系、上层建筑等进行了全面细致的研究,而且揭示了不同要素和层次之间的相互联系、相互作用以及要素变化对社会系统的影响。作为将系统思想和系统方法运用于对社会历史研究的第一人,马克思与黑格尔是现代系统论的先驱。那么,作为马克思认识人类历史的重要方法,系统的方法对我们分析生态危机根源有何价值?恰如马克思对人类生活及其历史的研究一样,我们对生态危机成因的考察也应当坚持系统的方法,既不能舍本逐末、颠倒主次,也不能"只见树木,不见森林"。这就意味着,我们在分析生态危机成因时不能仅仅将目光聚焦于生产力和经济基础在人与自然关系中的决定性作用,还必须看到与经济基础相联系的观念上层建筑的相对独立性及其对生态环境保护的影响和制约。否则,我们就无法形成对生态危机根源的完整认知。

其三,历史主义的方法。所谓历史主义的方法,就是把一切社会历史现象置于一定的历史范围之内,按照特定的历史条件作具体的历史的分析。正确认识某种社会历史现象,离不开对特定历史环境或历史背景的考察,否则就难以对它们做出正确评价。马克思恩格斯对资本主义制度和资产阶级的评价与剖析就贯穿着历史主义的方法。一方面,他们结合资本主义产生的历史条件,积极肯定了资产阶级在斩断封建羁绊、开拓世界市场以及创造生产力等方面所发挥的革命性作用;另一方面,他们预示,随着时代的发展,资产阶级无意中造就而又无力抵抗的工业进步将使他们失去赖以生产和占有产品的基础本身,最终走向灭亡。在列宁看来,"分析任何一个社会问题时,马克思主义理论的绝对要求,就是要把问题提到一定的历史范围之内"①,这构成了唯物史观的一个重要原则和方法。这种历史主义的方法同样适用于我们对生态危机根源的研究,尤其是对不同社会制度国家生态问题成因的探讨,不能忽视对具体历史环境的考察,而是需要结合国内与国际两个历史背景进行客观分析。

总体而言,尽管部分学者以这样或那样的方式对唯物史观的"生态在场"进行诘难与质疑,但是,就其理论基础和它所蕴含的方法论原则而言,唯物史观无疑具有生态规定,并且能够为生态危机根源分析提供具体指导。只有将生态危机根源研究置于唯物史观的视阈下,生态危机根源的分析与生态文明的建构才能真正获得科学的理论规定和实践规定。

二、资本主义生产方式与生态危机

唯物史观的基本原理告诉我们,人与人、人与社会的关系从根本上说是由一定时期的生产关系所决定的,而生产力又是生产关系的决定性力量。因此,我们在探索生态危机的根源时应当透过人与自然关系恶化的本质,看到经济因素的根本作用,进而从生产方式层面去加以剖析。

---

① 《列宁选集》第 2 卷,人民出版社 2012 年版,第 375 页。

（一）"生产方式"研究范式的确立

长期以来，理论界围绕生态危机根源研究一直存在着不同的研究范式和路径。不同的研究视角最后所得出来的结论往往具有很大差异。作为自然与社会相统一的理论，唯物史观内含丰富的生态文明思想并贯穿于唯物主义自然观、政治经济学批判以及共产主义理论始终。以唯物史观的立场、观点和方法考察生态危机根源，必然会追溯至"生产方式"的总体研究视域，这与生态危机的本质以及生产方式的社会地位紧密相关。

从生态危机的本质看，马克思恩格斯建立在实践基础上的人化自然观表明，生态危机表面上是人与自然关系的紧张与恶化，其实质是人与人的关系、人与社会的关系外化作用于自然生态环境的结果。也就是说，生态问题虽然表现为人与自然的矛盾关系，但本质上反映的是人与人、人与社会的矛盾关系，这是由人与自然和人与人（社会）二者之间的相互关系所决定的。

一方面，人与自然的关系是其他一切社会关系得以存在的现实基础。一般而言，人与人的所结成的社会关系是在人与自然之间的一般性劳动，即物质生产实践的过程中形成和发展的。物质生产劳动是人通过自身的活动来改造自然界以满足自身需要的过程，但是，这个过程不是纯粹的自然过程，而是表现为自然过程与社会过程的紧密结合。这是因为，"个人的肉体组织以及由此产生的个人对其他自然的关系"决定了孤立的个人是不足以实现这一过程的。人要顺利地进行生产劳动除了可以利用的自然条件之外，还必须有社会即生产关系亦即社会组织条件，二者缺一不可。正如马克思所说，"他们只有以一定的方式共同活动和互相交换其活动，才能进行生产"①，"孤立的一个人在社会之外进行生产……就像许多个人不在一起生

---

① 《马克思恩格斯文集》第 1 卷，人民出版社 2009 年版，第 724 页。

活和彼此交谈而竟有语言发展一样,是不可思议的"①。

另一方面,人与人的社会关系影响和决定着人与自然的关系。从人的属性而言,人既有自然属性,又有社会属性,是自然性与社会性的统一体。这就意味着人与自然的关系不可能是纯自然的人与自然的关系,因为人不是抽象的人,而是具体的、现实的、生活在一定社会环境之中的人。在马克思恩格斯看来,人的吃喝等行为不能简单等同于动物的机能和本能,不能将人降低为纯粹自然的动物,社会属性构成人的本质。与动物被动地适应自然界不同,作为社会活动主体的人对自然的改造是有意识、有目的的,只要与自然发生关系,人就会在对自然界的改造和作用中凸显出自己的本质力量。再者,人与自然之间的物质变换是在一定的社会组织和社会关系中实现的,人改造自然的状态必定要受到人与人的关系的影响,在此意义上,人与自然的关系也就展现出人与人之间相互发生的关系。

再者,人与人所结成的社会关系从根本上说是由一定时期的生产关系所决定的。马克思在《政治经济学批判导言》中强调:"在一切社会形式中都有一种一定的生产决定其他一切生产的地位和影响,因而它的关系也决定其他一切关系的地位和影响。"②马克思在这里所说的"一定的生产"就是指"物质资料生产",它所形成的关系就是在社会生产中产生的人与人之间的"生产关系"。生产关系是人们形成其余一切社会关系的基础,决定着整个社会的阶级关系、思想关系、民族关系、家庭关系等等。与此同时,生产力又是生产关系的决定性力量,有什么样的生产力就有什么样的生产关系。生产力与生产关系是同一生产过程中的两个既矛盾又统一的方面,生产力决定着生产关系,生产关系又反过来制约着生产力,由它们所构成的生产方

---

① 《马克思恩格斯全集》第 30 卷,人民出版社 1995 年版,第 25 页。
② 《马克思恩格斯文集》第 8 卷,人民出版社 2009 年版,第 31 页。

式及其运动变化是人类社会发展的历史动力,决定着整个社会的结构、性质和面貌。这是马克思恩格斯所揭示的社会基本矛盾运动的历史规律。

唯物史观关于自然、人与社会三者相互关系的上述分析在生态学上的方法论意义在于:人与自然的特定关系取决于人们在生产实践中形成的人与人的社会关系,它受到社会形态的制约,只有调适好人和人之间的社会关系,才能解决好人和自然的关系。人与自然之间的物质变换总是在一定的社会条件(生产力的发展水平)和社会关系中实现的,人类对自然界的利用和改造从来都受社会生产方式以及同这种生产方式连接在一起的社会制度的影响和制约。生产方式不同,人与人之间、人与自然之间的关系也就不同。因此,透过人与自然关系恶化的本质,从"生产方式"的视角出发去研究和认识现代化生态困境的产生根源无疑是唯一正确的选择,这既是唯物史观关于自然、人与社会三者相互关系分析的最大启示,也符合马克思主义生态批判的内在逻辑。

需要指出的是,作为政治经济学研究的基本范畴,生产方式包括生产力和生产关系两个组成部分,确立"生产方式"的研究视角,就是在生产方式的总体性框架中强调生产力与生产关系相互依存、相互作用的辩证统一,既不能脱离"生产力"这一生产方式的形成基础来抽象地谈论"生产关系",也不能忽视在一定的生产中所凝结的社会关系特别是"生产关系"对于"生产力"的制约和影响。不可否认,相关研究目前存在着一种值得注意的倾向,即割裂了生产力与生产关系的内在联系:把生态问题的根源简单地归咎于以资本为主导的异化生产关系而忽视了生产力的发展为人类利用和改造自然提供的前提条件,抑或片面强调"现代生产力的发展"与生态危机之间的直接联系而没有看到其所处社会结构性质的客观影响。事实上,如果我们承认"生产方式"概念是马克思把捉特定社会历史问题的理论工具,那么,作为同一生产过程中的既对立又统一的两个方面,"生产关系"和"生产力"

就是这一工具的不同逻辑展开,只有从"生产方式"的总体研究视角出发,才有可能形成关于现代化生态困境产生根源的正确认知。

(二)资本主义生产方式与生态文明的内在悖论

依据马克思在《资本论》中的分析,资本主义生产方式可以概括为以社会化的机器大生产为物质条件、以生产资料的私人占有为基础特征的社会经济制度。从资本主义生产方式的内在特点和运行方式上看,这种生产方式与生态环境存在难以协调的对立和冲突。

一方面,资本主义生产方式所蕴含的巨大生产力改变了人与自然之间的力量对比,客观上为人类改造自然、征服自然提供了前提条件。

马克思恩格斯在《共产党宣言》中指出:"资产阶级在它的不到一百年的阶级统治中所创造的生产力,比过去一切世代创造的全部生产力还要多,还要大。"[①]生产力是一个抽象的概念,如果要直观地理解和体会马克思恩格斯在这段话中对资本主义生产力的讴歌,还必须进一步从生产力的构成要素上去加以分析。按照经典马克思主义对生产力内涵及其构成的理解,生产力主要包括劳动者、劳动资料和劳动对象三个基本要素。因此,资本主义生产方式对于生产力的发展和推动也主要体现在以下三个方面。

其一,劳动者(人)日益发展成为全面的、具有高度文明的人。资本主义生产是以机器化大生产为主的工业生产,机器作为生产工具使用的社会化程度伴随着工业生产体系的建立和发展只会越来越高,这就使得原先从事体力劳动者的需求数量会越来越少,而对于脑力劳动者的需求数量则会越来多。在这种情况下会产生两种结果,一是促使部分劳动者不断提高自己的劳动技能和生产经验,进而在竞争激烈的劳动力市场中占据优势,使自

---

① 《马克思恩格斯文集》第2卷,人民出版社2009年版,第36页。

己免于失业;二是促使更多的或者说多数劳动者学习科学知识以适应劳动需求的变化。两种结果都会在客观上推动人的全面发展,也就是马克思所说的,人不是在某一种规定性上再生产自己,而是生产出他的全面性。

其二,劳动资料获得巨大发展。劳动资料主要指生产工具,又被称为"死"的生产力。资本主义生产推动了劳动资料在形态、效能、性质上的根本性变革。在资本主义社会以前,人们所掌握的劳动资料主要以手工工具为主,包括金属工具、石木工具,等等,但是自工业革命以来,劳动资料已经实现了由手工工具向机器体系的转变。机器大生产的出现极大缩短了生产的社会必要劳动时间,使整个社会的劳动生产率获得了极大的提升。与此同时,劳动资料在形态上的变革也推动了劳动资料性质的改变。在机器大工业的生产过程中,"发展为自动化过程的劳动资料的生产力要以自然力服从于社会智力为前提"①。也就是说,以手工工具为主的劳动资料主要体现的是人的自然力,而更加智能化的以机器为主的劳动资料则体现为人的活劳动和科学知识的结合。

其三,作为劳动对象的自然界与人的交往日益普遍。一般而言,自然界作为生产的劳动对象是既定的,但是在不同的生产方式作用下,自然界进入人类生产的范围却具有极大差异性。在马克思看来,以资本为基础的生产为了创造更多的剩余价值,往往会不断扩大生产的范围和创造新的消费需要。为了实现这一目的,资产阶级一方面会通过发展自然科学来探索整个自然界以便发现物的新的有用性;另一方面则会积极培养社会的人的一切属性,以生产出具有尽可能广泛需要的人。在这一背景下,各种生产(劳动)体系不断扩大,资本生产由此创造出了社会成员对自然界联系的普遍占有。这种普遍性不仅体现在人类对自然界占有广度上,而且体现为人类

---

① 《马克思恩格斯文集》第8卷,人民出版社2009年版,第201页。

对自然界改造的深度和强度上。也正是在资本主义生产条件下,自然界才在真正意义上成为人的劳动对象。

生产力发展水平的高低是决定人与自然在其相互关系中所处地位强弱与否的关键性因素,资本主义生产力发展水平的跃升使得人类获取了对自然界巨大的攫取和破坏能力,从而增加了人与自然关系紧张与恶化的风险。

在资本主义社会以前的一切社会阶段,生产力发展的总体水平较低。在这一阶段,无论是从生产工具、劳动对象,还是从生产活动的组织形式和结果来说,人们进行的物质生产只是一种狭隘的"自然生产",对自然界的影响较小。相应地,生产力发展水平的局限使得人与自然的矛盾和冲突并未达到一种激化的程度,人与自然关系由此呈现出了一种原始的和谐状态。然而,资本主义生产方式的出现迅速打破了这一局面,新技术与新机器的大规模使用和普及推动了生产力的迅猛发展,人与自然之间的力量对比发生了根本性的变化。对人来说,自然界不再是异己的存在和自为的力量,人们在认识和实践上实现了对自然界对象的理解、把握以及实际占有,社会由此形成了"普遍的社会物质变换、全面的关系、多方面的需要以及全面的能力的体系"①。在这样一个社会阶段,人类改造自然的能力逐渐增强,对能源资源的消耗力度不断加大,如此一来,生态环境所面临的挑战与威胁也随之增加。

另一方面,以资本为主导的资本主义生产关系为人类向自然界的攫取与破坏提供了不竭动力。如果说生产力的发展是人与自然关系恶化的前提性条件,那么,异化的生产关系则是导致生态危机的最终根源。

要剖析资本主义生产关系与生态危机的内在关联,首先必须对资本主义生产关系的性质与特点加以解析。像生产力一样,马克思对生产关系也

---

① 《马克思恩格斯文集》第8卷,人民出版社2009年版,第52页。

没有作出一个明确的界定,不同语境下的生产关系有着不同的含义,如交往关系、劳动组织形式等。从国内学者对马克思生产关系概念的一般性理解看,生产关系主要包括生产资料所有制关系、生产中人与人的关系和产品分配关系。马克思认为,生产关系作为一个总体,它的形成是有一个过程的,这个过程是在一定条件下才形成的。在这些前提条件中,最为关键和根本的条件是那个社会生产占主导地位的所有制关系。也就是说,所有制关系是生产关系产生的基础和前提,因为它涉及生产活动的前提、生产过程的控制和生产目的以及生产结果的归属等。资本主义生产关系作为一个总体,它的形成就是取决于资本主义所有制关系的确立。正是在资本主义所有制前提下,才形成了总体的资本主义生产关系,其他的生产关系将在它的支配之下,会相应地不断地适时生产出来。而在马克思看来,这个"总体的资本主义生产关系"就是"资本"。在《1857—1858 年经济学手稿》中,马克思明确指出,存在于资本主义社会内部的"现代生产关系,即资本,已发展成总体"[1],它对其余生产关系发挥着支配性的作用。在此基础上,马克思多次强调过资本所具有的社会性质,如"资本不是物,而是一定的、社会的、属于一定历史社会形态的生产关系"[2],"资本显然是关系,而且只能是生产关系"[3],等等。就此而言,我们可以得出结论认为,资本主义生产关系下的生产实际上就是资本占主导地位的生产,而资本主义生产关系的性质事实上也就体现为资本的性质。需要指出的是,资本作为一种社会存在物和社会力量,它的内在本性和运行趋势是与生态环境相冲突的,这也就决定了资本主义生产方式的反生态性质。

其一,资本无限积累、增殖的本性与地球有限的自然资源和环境承载力

---

[1] 《马克思恩格斯全集》第 30 卷,人民出版社 1995 年版,第 237 页。

[2] 《马克思恩格斯文集》第 7 卷,人民出版社 2009 年版,第 922 页。

[3] 《马克思恩格斯文集》第 8 卷,人民出版社 2009 年版,第 168 页。

存在的不可调和的矛盾。在马克思看来,自我增殖是资本的本性,它表现为"力图超越自己界限的一种无限制的和无止境的欲望"①。资本生产和运动的目的,不是为了生产人类所必须的物质生活资料即实现使用价值,而是纯粹为了创造剩余价值、获取利润,尽管这是资本生产同一过程的两个方面。不以剩余价值的生产为目的的资本生产是不存在的,如果存在,也就不可能是资本生产。正如马克思所说:"假定资本价值是这样不增殖的,即不倍增的,那就是假定资本不是生产的实际环节,不是特殊的生产关系。"②既然资本不断繁殖和扩大是其内在本性的要求,那么资本如何实现这一要求呢?马克思认为,资本的繁殖和扩大是在生产与流通中实现的。因此,为了达到资本增殖的目的,资产阶级一方面会利用科学技术等各种手段对参与到剩余价值生产过程中的所有要素(包括人与自然)进行残酷的剥削和压榨,另一方面则会选择不断集中和扩大生产规模来实现量的积累,前者体现为"利润率"的提升,后者体现为资本总量的扩张。但是,生产显然不是无本之木、无水之源,无节制的扩大生产规模势必会消耗更多的自然资源和原材料,并给自然环境带来越来越多的污染与破坏。这就意味着,资本的积累不仅造成了人的异化,而且带来了自然的异化。事实上,在有限的环境中实现无限扩张本身就是一个矛盾,以牺牲自然资源和生态环境为代价的资本积累方式注定是不可持续的。

其二,资本遵循经济理性的运行原则与生态理性相悖。经济理性属于工具理性的范畴,它是指市场主体把获利作为唯一目标,在经济行为选择中追求效用最大化的趋向。资本的运行方式是由资本生产的目的所决定的,在利润动机的支配下,资本总是从有用性的角度去看待人与自然界,以期实现利润最大化的目标,这与经济理性的内涵是一致的。马克思曾经指出,以

① 《马克思恩格斯全集》第 30 卷,人民出版社 1995 年版,第 297 页。
② 《马克思恩格斯全集》第 30 卷,人民出版社 1995 年版,第 277 页。

资本为基础的生产在创造剩余劳动的同时,"也创造出一个普遍利用自然属性和人的属性的体系"①。也就是说,资本把一切都变成有用的体系,在这个体系中,任何存在物都要依附于资本,并且表现为这个体系的"体现者"。在此意义上,曾经被人类崇拜的自然界失去了"感性的光辉",它不再被认为是一种自为的力量,而是一种"真正的有用物",人与自然的关系演变成为了一种工具性的利用关系。为了使自然界更好地履行工具的功能,进而满足资本增殖的需要,资产阶级总是热衷于强化对自然界的开发。在这种掠夺式的开发过程中,自然界的一切领域都服从于生产,自然在某种意义上成为了同劳动力一样的"商品",相应地,自然界的尊严也就同人的尊严一样成了交换价值。当自然界被转化为金钱时,自然界自身的价值也就消失不见了,确切地说,是被资本给剥夺了。与经济理性的运行方式相伴而生的,还有资产阶级在投资上的短视行为。这种行为主要体现为资本家在做投资选择时只会更倾向于能够在可预见的将来收回成本并且确保利润的项目,而对于此类项目所衍生的负外部性如劳动者的健康损害、环境污染以及资源过度消耗等,往往难以引起他们的足够重视。总之,资本追求利润最大化的运行方式与以保护生态为宗旨的生态理性是对立的。

综上所述,资本主义生产方式在推动社会生产力迅猛发展的同时,也在客观上增加了人与自然恶化的风险,如果没有生产力的大幅跃升,人类就无法获得征服自然的强大物质力量,人与自然之间的矛盾也就无法表现得像今天这般尖锐。但是,生产力是客观的,它的发展或倒退是不以人的意志为转移的。所以,我们并不能单纯地把生态危机的根源归咎于生产力的提升,而是必须从生产方式的总体去考察生态危机的形成过程,既要看到生产力的发展为人类征服和破坏自然所提供的前提条件,又要认识到以资本为主

---

① 《马克思恩格斯文集》第8卷,人民出版社1995年版,第90页。

导的生产关系在人与自然关系恶化的过程中所发挥的决定性作用。

（三）正确认识资本主义生产方式造成的生态危机

在阐明了资本主义生产方式与生态危机的内在关联之后，紧接着所面临的理论问题就是我们该如何正确地看待资本主义生产方式所造成的生态危机。这是一个极具现实基础且无法回避的理论问题，主要涉及两个方面。一是资本主义社会普遍存在的生态危机在资本主义发展过程中具有怎样的历史地位，它与传统经济危机的关系如何？二是这种生态危机能否通过资本主义自身的调整被克服？要回答上述问题，我们必须从资本主义生态危机的本性出发，在结合资本主义国家具体现实的基础上来进行分析。

从理论层面看，资本主义的发展是一种自然历史过程，现代资本主义的历史限度恰恰表现为它的自然限度，生态危机在本质上仍然是经济危机。

马克思恩格斯生活的历史时期是资本主义发展的早期自由市场阶段。在这一阶段，与尖锐的阶级矛盾和阶级斗争相比，人与自然的矛盾和冲突还未得到充分发展。究其原因，主要在于当时的生产力发展水平限制了工业生产的总量、规模以及人们的消费水平，市场能够通过自身的调节实现供给与需求、生产与消费的总体平衡。因此，在这种时代背景下，作为资本主义外在自然限度的生态危机并没有成为马克思恩格斯理论关注的重点，他们把主要的研究精力投入到了对资本主义经济运动规律的揭示以及无产阶级的解放上。在他们看来，资本主义生产方式存在着生产社会化同资本主义私人占有形式之间的基本矛盾，这种矛盾会导致周期性经济危机的出现，最终造成资本主义制度的总崩溃。具体而言，生产的社会化内在要求生产者共同管理和使用生产资料并支配劳动产品，但现实却是生产资料归资本家私人占有，因而生产只是屈从于剩余价值这个唯一的目的，从而导致整个社会生产的无政府状态。资产阶级对于剩余价值的盲目追逐一方面造成了普遍的生产过剩,另一方面则总是试图把必要劳动降低到最低限度,进而出现了机器排挤工人的现象,大量工人失业,工人变得更加贫穷。如此一来,就形成了生产的无限扩大的趋势和劳动人民群众消费日益缩小的趋势之间的矛盾。当资本的实现即人们对商品的有效需求低于资本生产的速度时,它就会造成经济衰退,甚至暴发周期性的经济危机。

尽管资本主义社会后来发生的一次又一次的经济危机无可辩驳地证明了马克思危机理论的科学性,但他所预言的资本主义制度的总崩溃并未出现。相反,资本主义通过引入国家调控化解了结构性危机,逐步发展到了垄断资本主义阶段。在垄断主义主义时期,由政府、企业和劳工组织之间结成的联盟成为资本主义的主导形式,它在缓和阶级矛盾、创造经济繁荣等方面发挥了有效作用,使得资本主义步入了一个"稳定而丰裕的所谓'消费社会'"。[1]

然而,好景不长,资本主义社会自 20 世纪末期以来出现了严重的生态危机。生态危机与经济危机一样,也是由资本主义生产方式的内在矛盾运动所引起的,或者说它在本质上是由经济危机发展衍生而来的,是资本主义发展到一定阶段的必然产物。在垄断资本主义出现以前,受生产力发展水平的局限,无论是人类对自然资源的攫取还是对自然环境的破坏,其规模都是有限的。这就意味着彼时由资本主义的发展所造成的生态破坏还没有对资本主义社会构成实质性的影响和威胁。然而,伴随着社会的进一步发展,生态危机愈演愈烈,当人类对自然生态条件的破坏已经直接损害了资本主义自身的生产条件和存在基础时,也就标志着资本主义生产方式已经触碰到它最后的绝对限度——自然的限度。马克思曾经说过,"资本主义生产的真正限制是资本自身"[2],生态危机对资本主义生产的限制实际上是由资

---

① 张盾:《马克思与生态文明的政治哲学基础》,《中国社会科学》2018 年第 12 期。
② 《马克思恩格斯文集》第 7 卷,人民出版社 2009 年版,第 278 页。

本自身造成的。一般而言,资本无限积累、增殖的本性决定了资本主义社会的生产与消费必然会呈现出无限扩大的趋势,而生产与消费的无限度增长不仅可能会诱发经济危机,而且会造成对自然生态条件的破坏。事实上,地球上的自然资源与生态环境的承载力是存在一定阈值的,当人类实践活动对自然界的作用和影响超出这个阈值时,自然界就会反过来威胁人类自身的发展,进而对资本主义的生产与再生产形成限制。在此意义上,资本主义生产方式所造成的生态危机其实就是资本主义自我否定的自毁机制的当代表现形式,而当代资本主义发展的历史限度也就表现为它的自然维度。

作为一个充满危机的制度,当代资本主义是经济危机与生态危机并存的社会。一方面,经济危机可能会导致生态危机,如处于经济困境中企业为了削减成本,会在对自然界的开发、开采和操作过程中减少对生态的关注;另一方面生态危机反过来也有可能会导致经济危机,如自然生态条件的破坏会导致生产成本的加大,进而带来通货膨胀的风险。经济危机与生态危机是构成相互并存、相互影响的关系。

从现实层面看,资本主义国家通过发展"生态资本主义"、"稳态的资本主义"等战略来调节人与自然的关系,使得西方国家的生态环境出现了较大改善,但这并不意味着他们能够从根本上克服了植根于资本主义内在矛盾的生态危机。

首先,资本主义国家和政府实施环境保护的政策、措施和行动的初衷并不是想真正地克服生态危机,而是迫于环境运动的压力。20 世纪中叶以来,资本主义工业化进程中所导致的环境污染、生态破坏问题已经对人们的生产生活和身心健康产生了严重影响,以反对"公害"为口号与诉求的环境保护运动愈演愈烈,并迅速席卷了整个北美和欧洲。声势浩大的环境保护运动使得环境问题发展成为了一个极具社会影响的政治和社会问题,它对资本主义的统治及其合法性形成了强烈冲击。在这一背景下,不少社团组织为了获得民众支持,纷纷把环境保护列为宗旨;越来越多的企业开始将环境成本纳入预算范围,积极采取节能减排的措施;许多政治家为了争取选票,时常允诺出台保护环境的政策。当代资本主义在生态环境危机压力下所呈现出来的新变化,使得"生态资本主义"等绿色政治理论备受追捧,并且逐渐上升成为政府决策和行动主张。然而,需要指出的是,这种绿色政治理论的提出在本质上只是一种迫于人民群众和舆论压力对资本主义生态环境破坏的现实进行生态修复或重建的"明哲保身"之举,它想达到的根本目的是通过生态环境的改善来维护和巩固资本主义的统治,无法实现生态文明的社会性建构的愿景与目标。

其次,"生态资本主义"所提出的资本主义经济"非物质化"、技术革新、生态市场化等措施在资本主义制度的框架内难以奏效。以技术革新为例,生态资本主义乐观地相信,只要不断地发展科学技术,提高自然资源和能源的使用效率,就能够达到节约自然资源、避免浪费的效果,从而做到对生态环境的保护。这种"科技万能论"忽略了一个基本事实——"杰文斯悖论"①,即自然资源利用效率的提高只会增加而不是减少对那种资源的需求,因为效率的改进会导致经济规模的扩张。"杰文斯悖论"对于我们今天客观地认识技术在解决生态环境问题中的实际效用具有重要意义。尽管通过技术的改变如选择危害较小的替代技术、降低单位生产的能源消耗等,的确能够在一定范围内降低环境影响,19 世纪以来空气质量的大幅改善——受益于煤炭燃烧技术的发展降低了二氧化硫的排放——佐证了这一事实。但是,研究技术创新究竟能否解决环境问题,不能忽视社会制度

---

① 1865 年,英国经济学家威廉姆·斯坦利·杰文斯在其著作《煤炭问题:关乎国家发展和煤矿可能耗尽的调查》中指出:"假设经济地使用燃料等同于减少消耗,这完全是思维混乱。事实恰恰相反。"(见 William Stanley Jevons.The coal Question:An inquiry concerning the Progress of the Nation,and the Probable Exhaustion of Our Coal-Mines.London:Macmillan and Co,1886:75。)这一观点被后来的生态经济学家称之为"杰文斯悖论"。

对技术的制约作用。资本主义对资本积累的痴迷,会使技术改进在提高能源利用效率的同时激发其他相关生产部门的新活动,从而直接或间接地增加能源消耗的总量。也就是说,技术的改进并不能够在绝对意义上解决生态问题。事实上,生态资本主义的拥护者所提出的一系列规章之所以未能产生令人类满意的结果,原因就在于资本主义的本质阻挠着环境危机的解决。

最后,资本主义国家生态环境质量的改善一定程度上是建立在全球环境状况整体恶化的基础上实现的,克服资本主义生态危机必须丢掉各种幻想。生态资本主义的"绿色举措虽然有所成效,但并没有扭转环境问题整体持续恶化的趋势,或者说,在环境问题上"局部有所改善,整体继续恶化"。"局部有所改善"是指发达国家的生态状况有所好转,而"整体继续恶化"主要是从全球化、绝大多数国家和地区的环境质量表现出来的。在这里,我们必须清醒地认识到,发达国家环境质量的好转既得益于它们半个世纪以来在环境治理上巨大的科学技术力量、资金以及人力的投入,也与它们推行生态帝国主义,将有毒垃圾和污染严重的产业转移至落后国家和地区的做法密不可分。事实证明,生态资本主义调节人与自然关系的行为,也许能够起到局部或暂时的作用,但它不可能是从根本上解决全球性的生态问题。资本主义社会的最根本危机要求有一个能带来根本性变革的解决方案,而这个方案就是彻底变革资本主义制度,建立生态社会主义社会。

三、生态帝国主义批判:资本主义
生态危机的全球扩展

当前,生态环境问题已经不是一国的问题,而是世界性难题。生态环境问题不仅发生在西方资本主义国家内部,在广大发展中国家特别是社会主义国家中也出现了不同程度的生态环境问题,这一现象不免引人质疑资本主义与生态环境问题的必然联系。在对这一问题进行反思的过程中,学者们逐渐意识到,生态帝国主义是社会主义国家生态问题成因的重要外部因素之一。在此意义上,展开对生态帝国主义的批判就显得尤为重要,这既能够帮助我们充分了解资本主义生态危机的全球扩展过程,也有助于我们全面认识社会主义国家生态问题的复杂成因。

(一)生态帝国主义理论及其概念辨析

生态帝国主义是资本主义生产方式下西方国家进行的一种生态扩张与资本扩张行为,是生态学马克思主义理论的一个重要研究内容。生态帝国主义最早从生态学意义层面提出,而后发展为内含政治经济因素的生态危机理论,其理论发展和完善的过程也是人们对资本主义生产方式认知深化的过程。

1. 生态帝国主义理论的形成过程

19世纪20年代,自由资本主义逐渐发展成为垄断资本主义,帝国主义随之产生,并开始成为马克思主义者对资本主义发展到垄断阶段的一种称呼。自20世纪80年代以来,帝国主义的剥削方式从显性的、血腥的、暴力的手段逐渐向"文明的""合法的""普世的"新帝国主义方式转变,但其目标依旧是为资本在全球自由流动努力扫除一切障碍,并以政治、经济、文化、生态等多种方式表现出来。生态帝国主义就是资本为继续达到增殖目标而在生态领域采取的霸权行为,这一现象被诸多学者敏锐地发现,并从学术上将其概括为生态帝国主义理论。

"生态帝国主义"一词最早由美国学者艾尔弗雷德·克罗斯比在其著作《生态扩张主义:欧洲900—1900年的生态扩张》中提出。克罗斯比指出:"欧洲人在温带地区取代原住民,与其说是军事征服问题,毋宁说是生物学问题。"①也就是说,欧洲殖民者在航海大发现的过程中不仅依靠先进的科学技术进行军事征服、土地和人口征服,同时也对新大陆进行着生物入侵和同化。但克罗斯比提出的生态扩张是大航海时期发生的,因而他对生态帝国主义的认知仅仅停留在生物学层面,还没有对生态帝国主义产生的原因及其本质进行足够深入的挖掘。

英国社会学家R.J.约翰斯顿把当代资本主义国家将生态危机转嫁到发展中国家的行为称为"生态帝国主义",正式明确了这一概念的内涵。伴随着生态学马克思主义学派的逐步发展壮大,不少生态学马克思主义者都持反对生态帝国主义的观点并力图剖析出生态帝国主义的剥削本质。生态社会主义的代表人物戴维·佩珀认为,在当今资本市场中,资本家追求无限的剩余价值导致生态环境和自然资源未能得到及时有效的保护和循环利用,资本主义经济问题将会转化为生态问题,并通过生态帝国主义演化成为全球性问题。这一观点将资本逻辑下的经济危机与生态危机相联系,实现了对生态帝国主义理论的推进。

将生态帝国主义理论正式引入政治经济学范畴的,是美国著名左翼学者约翰·贝拉米·福斯特。1992年在里约热内卢召开了第一次联合国环境与发展大会,但后续发展态势并不喜人,反而出现生态环境加速恶化的现象。针对这一问题,福斯特指出,这主要是因为自20世纪90年代以来,西方资本主义正在开始新一轮的帝国主义霸权,"触角伸至世界各地,试图在缓慢增长的世界经济中攫取更大的利益"②。在经济全球化迅猛发展的时代,资本以更加隐蔽却更加快速的方式在全球范围内流动,作为资本输出的发达国家处在全球经济格局的中心位置,而接受资本输入并输出原材料、廉

---

① ［美］艾尔弗雷德·克罗斯比:《生态扩张主义:欧洲900—1900年的生态扩张》,许友民、许学征译,辽宁教育出版社2001年版,第2页。

② 约翰·贝拉米·福斯特:《社会主义的复兴》,《当代世界与社会主义》2006年第1期。

价劳动力的发展中国家则处在全球经济格局的外围。资本主义发达国家在新帝国主义阶段的剥削手段已经不再是19世纪末20世纪初的坚船利炮，而是在经济利益诱导下的赤裸裸的资源掠夺和生态破坏，它在促成不平等的国际分工体系和经济格局的同时，也催生了生态帝国主义。福斯特借用马克思在《资本论》中关于"物质变换断裂"的观点，对生态帝国主义进行了更为深入地剖析。在他看来，由资本主义生产方式引发的物质变换断裂已经随着资本的全球性流动扩散到全世界，造成了全球性生态危机。福斯特从现实与理论双重向度将垄断资本主义发展到新帝国主义阶段的本质，通过生态帝国主义这层面纱揭开，再现了资本主义赤裸裸地剥削本性。更为重要的是，他将当今全球性的生态危机问题与生态帝国主义这一"病因"联系起来，使得生态帝国主义理论进一步完善并兼具批判资本主义的工具性功能。

2. 生态帝国主义相关概念的辨析

生态帝国主义是由生态与帝国主义两个概念组成。对生态帝国主义的理解既不能望文生义，认为生态帝国主义就是帝国主义或垄断资本主义发展的新阶段，也不能过分解读，认为要从生态的视角来解读帝国主义。科学理解生态帝国主义，就需要同其他相关概念进行辨别与分析，从而确定其真实含义。

（1）生态帝国主义与帝国主义

列宁在其著作《帝国主义是资本主义发展的最高阶段》中对帝国主义有着清晰的描述："帝国主义是发展到垄断组织和金融资本的统治已经确立、资本输出具有突出意义、国际托拉斯开始瓜分世界、一些最大的资本主义国家已把世界全部领土瓜分完毕这一阶段的资本主义。"[①]在列宁看来，

---

① 《列宁选集》第2卷，人民出版社2012年版，第651页。

帝国主义就是垄断的资本主义,是资本主义发展的更高更新的阶段。就其发展趋势而言,如果资本主义已经完全释放出了其能够释放的最大生产力而无法在此框架内继续发展,资本主义发展的最高阶段也将会覆灭,社会主义阶段则会真正到来。

生态帝国主义是资本主义企业最大限度追求剩余价值的一个新的表现形式,它体现为处在国际分工体系中的中心国家对外围国家的污染转移和资源掠夺。相对于帝国主义而言,生态帝国主义并非是资本主义发展的一个新阶段,而是帝国主义逻辑在生态领域的呈现。具体来说,生态帝国主义的行为早在资本主义生产方式诞生之初就已经出现,但当时的生态扩张是不完全具备帝国主义垄断性质的一种生态破坏和资源掠夺;当资本主义进入帝国主义阶段后,随着金融寡头形成、资本输出替代商品输出、国际垄断同盟的建立,生态帝国主义则会自觉地在更大范围内实行生态掠夺。但总体而言,无论是生态帝国主义还是帝国主义,二者会随着生产力的进步、国际政治经济格局的调整而走向灭亡,帝国主义作为"寄生的、腐朽的、垂死的"资本主义,必然会灭亡而走向新的社会阶段,生态帝国主义也会随着国际资本主义体系的变革而失去其发展空间。

(2)生态帝国主义与生态殖民主义

一般而言,辨析生态帝国主义与生态殖民主义的关系,需要明晰帝国主义和殖民主义的异同。第二国际理论家考茨基对帝国主义和殖民主义曾做过辨析,他认为殖民主义是帝国主义之前对落后民族和地区的一种侵略手段,同时殖民主义又是帝国主义时代的一种扩张手段。尽管帝国主义和殖民主义都表现为对外扩张和掠夺,但不考虑背景和成因而简单将二者等同的做法,事实上是将帝国主义这一概念"泛殖民主义化"。因此,对生态帝国主义和生态殖民主义的辨析就需要紧紧依托二者的产生背景、形成因素以及后续影响等诸多方面来进行。

生态殖民主义是西方发达国家针对落后国家在生态问题上采取带有明显剥削与掠夺性质的政治、经济行为的总称。① 首先,殖民主义早在资本主义初期就已经出现,那时具体表现为通过暴力和强制交换双重手段对其他国家和地区进行土地、人口、金银、原材料的掠夺行为。当资本主义发展到机器大工业时代,以英国为代表的资本主义国家进行的殖民主义行为则表现为向殖民地输出大量商品并掠夺廉价劳动力与原材料,将殖民地变为大庄园或大种植农场,这样就为资本主义快速积累了资本,并扩大了市场,从而推动了资本主义的迅速发展。在垄断资本主义时期,殖民主义依旧是帝国主义横行的一种手段,主要表现为对被卷入资本主义世界体系的落后国家的资本输出和资源掠夺。

生态殖民主义与生态帝国主义的关系则沿用了上述关于殖民主义与帝国主义关系的逻辑。生态殖民主义早在帝国主义到来之前就已经存在,当欧洲殖民者驾驶着船只到达非洲和美洲大陆时,他们对当地土著居民的屠杀、带入瘟疫、开发种植园农场以及大肆采矿都是早期资本主义国家的生态殖民主义行为。到了帝国主义时代,西方发达国家更注重资本输出,因而在海外建立工厂,转移国内落后产业和产能、倾倒垃圾废料等行为就成为垄断资本主义时期的生态帝国主义行径。令人感到讽刺的是,当前大力推行生态帝国主义的西方发达国家反而主导着各类国际性生态保护组织、倡导签订各类生态保护协议,扮演起"地球卫士"的正面形象,这种做法只是为其卑劣的生态帝国主义行径挡上一块遮羞布而已。

(二)生态帝国主义的产生根源与本质

生态帝国主义是资本主义发展到帝国主义阶段后资本逻辑在生态领域

---

① 张剑:《生态殖民主义批判》,《马克思主义研究》2009 年第 3 期。

的呈现。要破解当今发展中国家所面临的生态困境，首先要对生态帝国主义的产生根源及其本质进行剖析。

如前所述，生态帝国主义在早期资本主义时代就以殖民扩张和生态掠夺的形式出现，但还不构成生态帝国主义的完整形态。进入垄断资本主义阶段，生态帝国主义行径逐步凸显，生态帝国主义理论日趋完善。其产生的历史背景就是第二次工业革命后，生产力的高速发展使劳动生产率大幅提升，资本主义国家为拓展全球市场而大行"殖民政策"。然而，世界市场已经基本被瓜分完毕，市场的空间已经不能容纳更多的资本变为商品从而换取剩余价值了，在市场角逐和船坚炮利中逐渐形成主导地位的私人垄断资本和国家垄断资本，开始在国际资本主义经济体系中寻找新的资本增殖窗口。在这一阶段，资本输出替代商品输出成为这一时期的显著特征，发达资本主义国家只输出资本，雇佣发展中国家进行劳动，使用当地的廉价生产原材料、土地资源以及劳动力，并把生产出来的商品在世界市场进行倾销。伴随这一过程出现的生态破坏与资源掠夺现象，实际上就是生态帝国主义的重要表现。一般而言，在发展中国家建立工厂是资本输出的主要形式之一，但发达国家在这些地区建立的工厂多为劳动导向型、高污染以及高耗能的企业，对污染排放和资源消耗的需求较大。与此同时，发达国家还会在这些国家逐渐形成一种生产垄断，即"因地制宜"地在某一资源丰富的国家专业生产相对应的产品，进而使其成为发达国家全部生产环节中的一个链条。

生态帝国主义的产生在本质上是资本扩张的必然结果，它是由资本主义制度的内在本性所决定的。在此意义上，全球性生态危机可以说是资本主义制度所带来的必然结果，这表明了资本主义制度本身所具有的"反生态性"。这种制度性的反生态性源于资本主义制度体系下资本家对资本增殖的无限追求。但是，资本增殖的无限性与自然资源可供生产利用的有限性之间最终会形成一种不可调和的对抗性矛盾。当这一矛盾在国内无法得到解决,并引起本国民众的强烈不满后,发达国家就会将这些矛盾向国外进行转移,生态危机也随之从资本主义国家转向受国际资本控制的其他各国。从总体上看,生态帝国主义的行为主体是奉行资本主义制度的发达国家,而被动接受这一行为或被资本主义经济体系所裹挟的广大发展中国家包括社会主义中国均在不同程度上出现了较为严重的生态环境问题。然而,鉴于经济快速发展的紧迫性,只有接纳资本流入才能在短期内快速实现经济总量的提升,因此广大发展中国家往往不得不以牺牲资源环境为代价而追求短期内的经济增长。这种竭泽而渔的行为是当今世界依旧被资本逻辑主导所导致的。总之,世界各国所出现的生态环境问题与资本主义制度这一生产方式密不可分的。

基于上述分析,我们可以清晰地认识到,生态帝国主义是西方发达国家从发展中国家获取生态利益并借由生态问题推行帝国主义的强权政治,体现为发达国家与发展中国家在环境资源占有、分配和使用上的不公正和利益矛盾。在此意义上,生态帝国主义不仅仅是表层的生态问题,对其本质的理解决不能离开对经济逻辑与政治逻辑的解读。因此,对生态帝国主义的本质认识应包括两个方面:一是从生产关系维度看,生态帝国主义本质是发达资本主义国家对广大发展中国家和欠发达国家的生态剥削;二是从价值观维度看,生态帝国主义本质则是一种深层次的达尔文主义。

(三)生态帝国主义的主要表现及其影响

生态帝国主义之所以引起当今学术界的高度重视,主要源于日益严峻地全球性生态危机已经开始影响到人们正常的生产生活,并对未来的可持续发展产生严重威胁。这些危害与表现与当前西方国家推行的生态帝国主义紧密相关。

1. 生态帝国主义的主要表现

其一,通过直接和间接的双重方式掠夺发展中国家的自然资源。自然资源是生产必不可少的要素。伴随着经济快速发展,生态环境恶化与自然资源的短缺使西方发达国家深刻认识到保护好自然资源的重要性,因为这关系到本国的可持续发展。然而,资本对增殖的无限追求又必须得到满足,因此,发达国家便将自然资源获取的目标转移至世界上其他国家尤其是经济欠发达地区。通过直接的自然资源掠夺如低价收购或强制性收购发展中国家的自然资源,抑或通过间接的自然资源掠夺如在发展中国家建立工厂,利用当地丰富的自然资源和廉价的劳动力来生产商品,再以高价卖回到发展中国家,赚取高额利润。这两种形式的资源掠夺都为发展中国家带来了不可逆的生态破坏。

其二,通过倾倒垃圾和转移高污染企业将生态问题转嫁给发展中国家。英国学者哈维曾指出:"资产阶级对于污染问题只有一个解决办法:那就是把它们移来移去。"①资本主义制度的反生态属性使得资本主义自身无法从根本上解决这一根深蒂固且无法避免的生态环境问题,因此,资本主义只能选择其他方式将本国出现的生态问题进行转移。一般而言,转移的方式主要有两种。一是通过直接倾倒垃圾废料的方式,此种方式可以称为末端污染。西方发达国家将大量的生产废料和有毒有害的化学物质倾倒在作为"垃圾回收站"的发展中国家,并支付以极为廉价的金额(每吨约30美元)作为经济补贴。例如,我国广东省贵屿镇有5500个电子垃圾处理厂,每年手工拆卸电子废弃物680.4吨,而这些废弃品80%以上都来自国外,大量的电子废弃物使这里成为了世界"闻名"的电子垃圾场。二是转移高

---

① ［美］戴维·哈维:《正义、自然和差异地理学》,胡大平译,上海人民出版社2010年版,第421页。

污染企业。由于发展中国家在现代化过程中急需资本注入和技术支持，因此发达国家在进入后现代化过程中淘汰掉的落后产能和夕阳产业则成为发展中国家眼中的"香饽饽"，大量高污染高耗能企业被发展中国国家所引入。

其三，通过国际政治经济主导权和话语权实行生态霸权。前两种生态帝国主义的表现形式还只是最表层的方式，生态帝国主义最隐蔽、最易迷惑人的方式则是借用其在国际舞台上的政治经济主导权、隐性的话语权与舆论权来实行生态霸权。例如，在政治霸权上，西方发达国家凭借其先进地军事力量，通过战争等手段来获取发展中国家各种能源、资源，伊拉克战争就是鲜明地例证。在经济霸权上，发达国家通过设置绿色贸易壁垒，以多种严苛地环保标准或管理标准来限制发展中国家进行商品出口。此外，纵览在今天仍然发挥着重要作用的国际经济组织，依旧是西方发达资本主义国家在控制着主导权和话语权，这些国际经济组织是发达国家扫清资本扩张障碍的重要工具，从而使其大张旗鼓的进行生态掠夺。通过生态霸权的实施，发展中国家成为了西方发达国家的原料供给地和产品倾销市场。

2. 生态帝国主义的双重影响

生态帝国主义对发展中国家的危害显而易见，但对挥舞着生态帝国主义"大棒"的发达国家而言也并非完全利好。政治多极化、经济全球化、文化多样化、社会信息化都推动着世界愈发形成一个人类命运共同体，而生态系统本身也是一个有机整体，一荣俱荣，一损俱损。因此，生态帝国主义无论对发达国家还是对发展中国家都会存在负面影响。

对发达国家而言，全球性生态危机所造成的影响日趋明显，难民危机反噬持续不断。地球生态系统是一个完整的整体，它是相互关联和动态发展的。因此，尽管发达国家推行生态帝国主义可以在一定程度上缓解国内的生态危机,但其他国家的生态环境出现问题,势必会影响作为整体的全球生态系统。不从根本上解决生态环境问题,仅仅依靠转移落后产能和垃圾废料完全是一种掩耳盗铃的行为,长此以往,发达国家势必也会遭到全球性生态危机的影响。此外,西方发达国家借用军事、政治手段以推行生态帝国主义,进而满足其对资源和生态环境的需求的行径,是以美国为首的西方发达国家对其他国家特别是中东地区国家丰富石油资源的变相"攫取"。需要指出的是,这些国家在地理位置上离欧洲诸国并不遥远,一旦由战争引发难民危机时,欧洲资本主义国家显然难以置身事外,他们将不可避免地受到来自于难民危机的影响。

对发展中国家而言,南北差距不断拉大,环境正义问题日益凸显。生态帝国主义推行首当其冲的便是广大发展中国家,无论是接纳发达国家的垃圾废料,还是承接发达国家的落后产能或夕阳产业,都会对发展中国家造成严重地环境污染或生态破坏。发展中国家在现代化的初始阶段因迫于经济增长的压力往往容易忽视生态环境保护的重要性。但随着经济发展和公众环境意识的提升,人民群众对"绿水青山"的需求逐步增多,彼时发展中国家政府将需要投入一大笔资金来进行生态环境治理,这在一定程度上又抑制了发展中国家的经济发展,使得南北差距进一步扩大。与此同时,生态帝国主义的扩张加剧了各国发展的不平衡,全球发展中的环境正义问题日益凸显。这主要体现在已经完成现代化的发达国家在过去 200 多年的时间里已经消耗了地球不计其数的资源并对自然生态环境造成了极大破坏,但现在却用极其严苛地标准来要求和约束起步较晚且仍然在现代化进程中的后发展国家,这其中蕴含着极为重要的环境正义问题。如果一味地顺从西方发达国家的要求,就会掉入他们的陷阱进而丧失发展中国家自身应有的发展权和环境权。

总而言之,对于包括社会主义国家在内的发展中国家生态问题成因的分析不仅要着眼于内部因素,更应该放眼于全球视角,从资本的空间扩张即生态帝国主义批判入手,研究资本主义生态危机的全球扩展对发展中国家生态环境的作用和影响。唯有如此,才能够更深刻理解资本主义生态危机全球扩展的过程与本质。

第五章　生态危机根源分析对我国生态文明建设的现实启示

　　党的十八大以来，以习近平同志为核心的党中央，把生态文明建设作为关系中华民族永续发展的根本大计，开展了一系列开创性工作，决心之大、力度之大、成效之大前所未有，生态文明建设从理论到实践发生了历史性、转折性、全局性变化，取得了举世瞩目的巨大成就。站在新的历史起点上，习近平总书记强调："我国经济社会发展已进入加快绿色化、低碳化的高质量发展阶段，生态文明建设仍处于压力叠加、负重前行的关键期。必须以更高站位、更宽视野、更大力度来谋划和推进新征程生态环境保护工作，谱写新时代生态文明建设新篇章。"①从学理上阐明生态危机根源，不仅能够为社会主义制度提供理论上的辩护，捍卫我们作为发展中国家的发展权和环境权，而且能够为新时代全面推进美丽中国建设，加快推进人与自然和谐共生的现代化提供重要启示。

---

　　①　习近平：《全面推进美丽中国建设加快推进人与自然和谐共生的现代化》，《人民日报》2023 年 7 月 19 日。

一、根本抉择:坚持人与自然和谐共生的绿色发展道路

建设生态文明,实现人与自然的和谐共生,必须从根本上转变原有的发展模式。绿色发展是推动形成人与自然和谐发展现代化建设新格局的必然选择。坚持人与自然和谐共生的绿色发展道路,首先要求我们对"什么是绿色发展"以及"怎样实现绿色发展"两大问题作出科学的解答。

(一)"绿色发展"的基本释义

党的十八大以来,习近平总书记围绕"绿色发展"问题提出了一系列新思想新观点新论断,这为我们正确理解绿色发展的内涵、本质、目的和要求提供了重要的理论依据。

1. 正确处理经济发展与生态环境保护的关系是绿色发展的内涵

理解绿色发展的内涵必须从它的提出背景与理论定位上加以考察。绿色发展是在可持续发展理念基础上提出的,它以人与自然和谐共生为基本价值取向,旨在通过开发绿色科技、发展绿色产业等手段实现经济发展与生态环境保护相协调。习近平总书记明确指出:"推动形成绿色发展方式和生活方式是发展观的一场深刻革命。这就要坚持和贯彻新发展理念,正确处理经济发展和生态环境保护的关系……"①习近平总书记的重要论述指明了绿色发展的基本内涵。传统观念认为,经济发展和环境保护是发展中

---

① 《习近平关于社会主义生态文明建设论述摘编》,中央文献出版社 2017 年版,第36 页。

的一对"两难"矛盾,具有不可调和性。绿色发展理念的提出,为重新审视二者的关系提供了一个新的视角。在绿色发展的视阈下,经济发展与环境保护是辩证的统一体,一定条件下可以借助于绿色科技等要素实现经济发展与环境保护的协同共进。习近平总书记形象地把二者的关系比喻成"金山银山"与"绿水青山"的关系。他曾多次在不同的场合中强调,"我们既要绿水青山,也要金山银山。宁要绿水青山,不要金山银山,而且绿水青山就是金山银山"①。"既要绿水青山,也要金山银山",即是说要做到在发展中保护、在保护中发展,不能因为保护环境而不敢迈出发展的步伐,也不能因为发展而破坏环境,强调实现生态环境保护与经济社会发展的统一;"宁要绿水青山,不要金山银山",突出了生态环境保护的优先位置,强调坚决摒弃以牺牲生态环境换取一时一地经济增长的短视做法和损害甚至破坏生态环境的盲目发展模式;"绿水青山就是金山银山",则凸显了生态环境保护与经济发展的辩证转化,强调走生态优先、绿色发展之路,使绿水青山产生巨大经济效益、生态效益和社会效益。习近平总书记关于"两山"的系统论述,"阐明了经济发展和生态环境保护的关系,揭示了保护生态环境就是保护生产力、改善生态环境就是发展生产力的道理,指明了实现发展和保护协同共生的新路径"②。

2. 走可持续发展的社会主义现代化建设新道路是绿色发展的本质

绿色发展,从根本上说是发展道路问题,强调发展的绿色底蕴。作为对现代工业文明和资本主义生产方式的局限性进行深刻反思的结果,绿色发展是对蕴涵无限生机与活力的新型发展道路或模式的一种"绿色"譬喻和

---

① 《习近平关于社会主义生态文明建设论述摘编》,中央文献出版社 2017 年版,第 21 页。

② 《习近平生态文明思想学习纲要》,学习出版社、人民出版社 2022 年版,第 27 页。

形象表达,反映了人们对西方传统工业化过程中"黑色"发展道路的科学扬弃。习近平总书记强调:"绿色发展,就其要义来讲,是要解决好人与自然和谐共生问题"①;"坚持绿色发展,就是要坚持节约资源和保护环境的基本国策,坚持可持续发展,形成人与自然和谐发展现代化建设新格局"②。从世界的发展趋势和现实的基本国情来看,西方发达国家"先污染后治理"的现代化道路在中国行不通。资本主义现代化在借助于工业革命取得巨大物质成就的同时,也加剧了人与自然之间的冲突与矛盾,绿色发展已成为当今世界各国在日趋严峻的资源环境危机形势下的道路选择。作为增长最快的新兴工业化国家,中国的环境容量与资源承载力在传统的粗放型发展方式下已不堪重负。习近平总书记指出:"走老路,去消耗资源,去污染环境,难以为继!"③与此同时,绿色发展为建设人与自然和谐共生的现代化指明了前进方向。习近平总书记强调:"中国式现代化是人与自然和谐共生的现代化。"④只有把绿色发展的理念贯穿于工业化、信息化、城镇化和农业现代化之中,走出一条经济发展和生态文明相辅相成、相得益彰的新发展道路,才能建成美丽中国,实现中华民族永续发展。将走可持续发展的社会主义现代化建设新道路作为绿色发展的本质,不仅凸显了生态文明建设对于实现社会主义现代化的重要价值,而且体现了绿色发展的包容性特质。

3. 满足人民日益增长的优美生态环境需要是绿色发展的目的

以人为本,促进实现人的自由全面发展,是马克思主义的根本价值立场。生活在资本主义发展初期的马克思曾无情地揭露了资本主义生产方式

---

① 《习近平关于社会主义生态文明建设论述摘编》,中央文献出版社 2017 年版,第 32 页。

② 《习近平关于社会主义生态文明建设论述摘编》,中央文献出版社 2017 年版,第 29 页。

③ 《习近平关于社会主义生态文明建设论述摘编》,中央文献出版社 2017 年版,第 4 页。

④ 《习近平著作选读》第一卷,人民出版社 2023 年版,第 19 页。

的不可持续性,深切地表达了对自然生态环境与工人悲惨境遇的人文关怀。马克思认为,在资本逻辑的主导下,资本家为了追逐超额剩余价值,在农业和工业生产过程中肆意浪费资源、污染环境、破坏生态平衡,造成了人与自然的对立以及自我的异化。2010年4月,习近平总书记在博鳌亚洲论坛上指出:"绿色发展和可持续发展的根本目的是改善人民生存环境和生活水平,推动实现人的全面发展。"①绿色发展作为人们的生产方式、劳动方式,最终目的是实现人类社会的健康永续发展,因此,绿色发展首先要坚持以人为本的价值取向,要把满足人的需要、促进人的全面发展作为发展的出发点和落脚点。绿色发展不仅是经济问题,而且是生态问题,更是民生问题。"改革开放以来,我国经济发展取得历史性成就,也积累了大量生态环境问题,一段时间内成为民生之患、民心之痛。"②伴随着社会主要矛盾的转化,人民群众对优质生态产品的需求越来越迫切,必须顺应人民群众对良好生态环境的期待,推动形成绿色低碳循环发展的新方式,努力提供更多优质生态产品以满足人民日益增长的优美生态环境需要。

4. 绿色发展的基本要求是形成节约资源和保护环境的空间格局、产业结构、生产方式和生活方式

实现绿色发展是一项复杂的系统工程,涉及经济增长方式的转变、生产方式和消费方式的绿色转型、科技创新以及体制机制的变革等诸多方面。习近平总书记在主持中共十八届中央政治局第四十一次集体学习时强调:"推动形成绿色发展方式和生活方式是贯彻新发展理念的必然要求,必须把生态文明建设摆在全局工作的突出地位,坚持节约资源和保护环境的基本国策,坚持节约优先、保护优先、自然恢复为主的方针,形成节约资源和保

---

① 习近平:《携手推进亚洲绿色发展和可持续发展》,《人民日报》2010年4月11日。
② 《习近平生态文明思想学习纲要》,学习出版社、人民出版社2022年版,第36页。

护环境的空间格局、产业结构、生产方式、生活方式。"①这一重要论述明确了绿色发展的基本要求。国土是生态文明建设的空间载体,良好的空间格局是实现绿色发展的基础,只有按照人口资源环境相均衡、经济社会生态效益相统一的原则,科学布局生产空间、生活空间、生态空间,才能给自然留下更多修复余地。作为决定经济发展模式的主要因素,生产方式则是实现绿色发展的关键。推进绿色发展,必须构建科技含量高、资源消耗低、环境污染少的绿色产业结构和生产方式。与此同时,推动生活方式的绿色化同样是实现绿色发展所不可忽视的重要方面。生产方式与生活方式在经济活动运行过程中的辩证关系表明,如果没有绿色生活方式的推动,生产方式与产业结构的绿色转型则会出现内生动力不足的局面。换言之,生活方式的绿色化可以倒逼产业结构转型升级,引导生产方式的转变,促进实现绿色发展。绿色发展不能仅仅停留在价值观层面上的思想引领,更为重要的是把这种发展理念落到实处、变成普遍实践。习近平总书记通过确立绿色发展的基本要求,为实现绿色发展的具体实践指明了方向。

(二)实现"绿色发展"的举措

实现"绿色发展",需要从理念、实践与制度等三个方面入手,既要牢固树立绿色发展理念,也要扎实推进绿色发展实践,更要严格实行绿色发展制度。

1. 牢固树立绿色发展理念

理念的变革是实现绿色发展的首要前提,正如习近平总书记在《关于〈中共中央关于制定国民经济和社会发展第十三个五年规划的建议〉的说

---

① 《习近平谈治国理政》第二卷,外文出版社 2017 年版,第 394 页。

明》中强调,"发展理念是发展行动的先导"。① 恩格斯也曾经指出:"在社会历史领域内进行活动的,是具有意识的、经过思虑或凭激情行动的、追求某种目的的人。"②也就是说,人是自觉依照抱定的目的进行对象性活动的实体。改革开放以来,我国经济发展取得了举世瞩目的成就,但粗放式的发展模式使得发达国家上百年工业化过程中分阶段出现的环境问题在我国近40年的快速发展中集聚产生,呈现出明显的结构型、复合型、压缩型的特点。因此,要实现绿色发展,首先应当进行思想观念的彻底变革,形成绿色发展的理念支撑。为此,要求在全社会牢固树立"尊重自然、顺应自然、保护自然""保护生态环境就是保护生产力、改善生态环境就是发展生产力""绿水青山就是金山银山"等生态文明理念。从生态治理的多元主体看,树立绿色发展理念,应当从政府、企业、公民等主体加以着手。在政府层面,要淡化"GDP主义",破除生态治理"包袱论"误区,树立正确的政绩观,提高经济发展的质量和效益。在企业层面,要转变过去盲目追求经济利益而忽视生态环境效益的感性认知,树立绿色生产的理性观念,减少生产经营活动所带来的资源消耗和环境污染。在公民层面,要积极倡导树立绿色消费、绿色出行、绿色居住的理念,培养公众生态思维习惯与绿色思维方式。

2. 扎实推进绿色发展实践

绿色发展是理念,更是实践,需要坐而谋,更需起而行。绿色实践的推行是实现绿色发展的关键所在。推行绿色发展实践要从优化"绿色增量"和减少"逆绿存量"两方面入手。优化"绿色增量"是指通过生产、流通与消费等环节奠定绿色发展的基础,引导企业和公民形成符合绿色发展要求的

---

① 《习近平关于社会主义经济建设论述摘编》,中央文献出版社2017年版,第20页。
② 《马克思恩格斯文集》第4卷,人民出版社2009年版,第302页。

生产方式和生活方式。减少"逆绿存量"是指对已经造成生态破坏和环境污染的领域进行生态修复和综合治理,有效减少和遏制生态危害的蔓延和扩散。关于如何推动绿色发展实践,要加快建立健全绿色低碳循环发展的经济体系、构建市场导向的绿色技术创新体系、推进资源全面节约和循环利用、倡导简约适度、绿色低碳的生活方式等。建立健全绿色低碳循环发展的经济体系,重点是改变过多依赖规模粗放扩张、增加物质资源消耗、高能耗高排放产业的发展模式,塑造依靠创新驱动、发挥先发优势的引领型发展。构建市场导向的绿色技术创新体系,要建立完备的绿色技术开发中心和服务中心、完善适应市场机制运行的相关政策体系和法律法规体系、提高企业绿色技术创新能力、健全企业创新体制。促进资源节约集约利用,重点是通过发展循环经济和科技创新推动资源利用方式的根本转变,实现生产、流通、消费过程的减量化、再利用、资源化。倡导简约适度、绿色低碳的生活方式,要强化公民的环境意识,推动公民在衣、食、住、行等方面形成绿色低碳、节约适度、文明健康的生活方式和消费模式。

3. 建立健全绿色发展制度

资源、环境、生态问题,既与生产方式、生活方式有关,也与体制、机制、制度有关。绿色发展离不开绿色制度的约束与激励,制度建设是建设生态文明的根本保障。自"生态文明制度"的概念提出以来,习近平总书记就生态文明制度建设发表多次讲话,要求尽快把生态文明制度的"四梁八柱"建立起来,把生态文明建设纳入制度化、法治化轨道。党的十八大以来,以习近平同志为核心的党中央加快推进生态文明顶层设计和制度体系建设,制定和修改环境保护法、环境保护税法以及大气、水、土壤污染防治法和核安全法等法律,覆盖各类环境要素的生态环境法律法规体系基本建立,相继出台《关于加快推进生态文明建设的意见》《生态文明体制改革总体方案》,制定了数十项涉及生态文明建设的改革方案,从制度保障等方面对生态文明建设进行了全面系统部署安排①,这为建设生态文明、推进绿色发展提供了强有力的制度保障。当前,严格实行绿色发展制度,重点需要从以下三方面进行加强。一是完善经济社会发展考核评价体系。考核评价体系关乎领导干部的政绩与升迁,是行动的指挥棒和动力源,只要传统考核评价体系不变,绿色发展就无法成为现实。习近平总书记在全国组织工作会议上的讲话强调:"要改进考核方法手段,既看发展又看基础,既看显绩又看潜绩,把民生改善、社会进步、生态效益等指标和实绩作为重要考核内容,再也不能简单以国内生产总值增长率来论英雄了。"②二是建立生态环境责任终身追究制度。人类对资源环境生态的影响具有明显的滞后性,这导致部分官员缺乏推动绿色发展的压力和动力,宁用资源环境的长远利益换取经济短期利益和自身个人利益。因此,要建立责任追究制度,"对那些不顾生态环境盲目决策、造成严重后果的人,必须追究其责任,而且应该终身追究"③。三是完善环境保护公众参与制度。公众参与环境保护既是实现国家生态治理现代化的内在要求,也是推动绿色发展的重要途径,要建立健全在环境法规和政策制定、环境决策、环境监督、环境影响评价、环境宣传教育等领域的公众参与制度。

(三)践行"绿色发展"道路的价值意蕴

习近平总书记关于绿色发展的重要论述对什么是绿色发展以及如何实现绿色发展等问题进行了科学回答,具有重要的理论价值和实践指导意义。

---

① 《习近平生态文明思想学习纲要》,学习出版社、人民出版社 2022 年版,第 84—85 页。

② 《习近平谈治国理政》第一卷,外文出版社 2018 年版,第 419 页。

③ 《习近平关于社会主义生态文明建设论述摘编》,中央文献出版社 2017 年版,第 100 页。

1. 丰富和发展了马克思主义生态发展观

发展是人类社会的永恒追求,是被不同时代的人们持续探讨的重大问题。在马克思恩格斯看来,物质生产活动既是人类社会存在与发展的基础、前提和动力,也是人与自然发生关系的中介和纽带。生态环境问题即人与自然之间的矛盾在物质资料的生产活动中的产生,也必须回到这一生产活动中加以解决。因此,马克思强调在劳动实践中坚持物的尺度与人的尺度的统一,主张通过合理的物质变换运动谋求人与自然的和谐发展。换言之,实现人类主体价值和自然客体价值的和谐统一,是马克思主义生态发展观的核心要义。党的十八大以来,习近平总书记从中国 21 世纪发展的阶段性特征出发,明确了绿色发展的基本内涵与实践要求,创造性地发展了马克思主义生态发展观。一方面,继承了马克思鲜明的人本立场,不仅鲜明指出"绿色发展的目的是改善人民生存环境和生活水平,推动人的全面发展",而且提出了"良好生态环境是最公平的公共产品,是最普惠的民生福祉"的新论断,彰显了绿色发展所蕴含的人民主体的价值追求。另一方面,指出认识自然的客观规律,在尊重自然、顺应自然、保护自然的前提下合理地利用和改造自然。习近平总书记强调:"生态兴则文明兴,生态衰则文明衰。"①在科学揭示自然生态变迁决定人类文明兴衰更替社会发展规律的同时,将自然生态环境看作是生产力的发展要素和重要组成部分,在解放和发展生产力的基础上强调"保护"生产力,实现了马克思主义生态观的与时俱进,并且为马克思主义自然生产力理论注入了新的时代内涵。

2. 为探索人与自然和谐发展的现代化新道路提供了思想引领

现代化是人类文明发展演进的必然趋势。自 19 世纪中期中国启动现代化进程以来,中国的现代化经历了漫长而又艰辛的历程。进入改革开放

---

① 《习近平关于社会主义生态文明建设论述摘编》,中央文献出版社 2017 年版,第 6 页。

后,尽管在经济快速增长的推动下中国在以实现工业文明为标志的第一阶段现代化进程中取得了突破性进展,但传统的以破坏生态环境为代价的现代化道路却使中国较早出现了发达国家在工业化中后期才涌现的环境问题,生态恶化的困境已成为制约中国现代化发展的瓶颈。从生态文明的角度重新考察中国的现代化道路,开辟一条全新的超越以往现代化模式的新道路,这对于处在经济社会发展转型关键时期的中国至关重要。社会主义现代化与资本主义现代化有着本质区别,比较两种现代化的优劣,"不仅要看生产力发展水平的高低,还要看谁能实现社会公平正义和共同富裕,谁能促进人与自然、人与社会的和谐"①。绿色发展是新发展理念的重要组成部分,它在价值观念上,倡导树立人与自然、人与社会和谐发展的理念;在实践逻辑上,主张从根本上转变经济发展方式,加快建构科学适度有序的国土空间布局体系、绿色低碳循环发展的产业体系以及政府企业公众共治的绿色行动体系,形成人与自然和谐发展现代化建设新格局。作为以实现人民群众的根本利益为价值诉求和以经济、社会、生态协调可持续发展为基本目标的发展理念,绿色发展彰显了中国特色社会主义制度的比较优势,为我们摆脱"先污染后治理""以邻为壑""寅吃卯粮"的发展模式,开辟生产发展、生活富裕、生态良好的社会主义现代化新道路提供了重要的思想引领。

3. 为推进新时代生态文明建设指明了路径方向

建设生态文明关系人民福祉,关乎民族未来。绿色发展与生态文明建设具有内在逻辑的统一性,二者都主张建立在资源承载力与生态环境容量的约束条件下,通过"生态化""绿色化"的实践推动经济社会发展和人民生活水平的提升,构建人与自然、人与社会和谐发展的新型关系。与此同时,

---

① 罗文东、张曼:《绿色发展:开创社会主义生态文明新时代》,《当代世界与社会主义》2016 年第 2 期。

绿色发展理念指导贯穿于生态文明建设的各个方面,比如正确处理经济发展与生态环境保护的关系、走可持续发展的社会主义现代化建设新道路,等等。可以说,作为生态文明建设的内在要求和重要实现途径,绿色发展不仅是一个抽象的理念表达,而且是一种"落地生根"的具象实践形态,是中国生态文明建设所必须遵循的基本原则和具体方向。

二、观念变革:深化新时代生态文明建设创新性理念的学理认知

生态文明建设离不开正确理念的指导。党的十八大以来,以习近平同志为核心的党中央深刻总结人类文明发展规律,将生态文明建设纳入中国特色社会主义"五位一体"总体布局,创造性地提出了一系列新思想新理念,这些重要理念构成习近平生态文明思想的核心内容,准确把握其科学内涵与学理依据,对于帮助我们树立正确的生态自然观,克服错误的发展观念,培育公众的生态文明意识,具有重要的理论价值和实践意义。

(一)"人与自然是生命共同体"

人与自然的辩证关系是人类发展的永恒主题。从原始社会崇拜和敬畏自然,到农业社会顺应和依附自然,再到工业社会征服和改造自然,人类的自然观随着生产力发展水平的提高和科学技术的进步而不断发展演化。进入后工业社会,面对日益严峻的资源与环境危机,人类开始深刻反思工业社会主导下的经济社会发展理念与发展模式,主张重塑人与自然的关系。对此,习近平总书记强调,推动实现人与自然的和谐共生,必须尊重自然、顺应自然、保护自然。党的十九大报告进一步提出了"人与自然是生命共同体"。

"共同体"一词,最早出现于卢梭的《社会契约论》中,被用以描述人民结合成的集体,这是"共同体"的雏形。①　在现代社会,共同体概念的内涵与外延不断扩展,被广泛运用到各种语境中,政治共同体、经济共同体、价值共同体、命运共同体等各类范畴的共同体概念应运而生。"生命共同体"属于生态(环境)伦理学范畴,生命共同体中的生命包含人类生命与非人类生命等所有具体的生命主体。生命共同体的理念最早从"大地伦理"学派的主张演化而来。该学派的创始人奥尔多·利奥波德在《沙乡年鉴》中提出了"土(大)地共同体"的概念,土地指的是所有地面地下和土地上空的一切,包括人、植物、动物、水和土壤等。他主张把伦理学领域扩大到人与自然的关系,强调人作为自然的要素之一属于土地共同体之中,"必须改变以征服者面目出现的角色,进而成为这个共同体中平等的一员和公民"②。从起源上考察,生命共同体不是自人类诞生以来就存在的,它从生物共同体中进化而来,"当生物共同体产生了社会共同体时,实际上生命共同体也同时产生了"③。生命共同体是由自然的生物共同体与人类的社会共同体相互作用而形成。一般而言,不同的语境下共同体的内涵各不相同,但任何共同体,其本质都是利益关系体。人与自然的生命共同体实质上内嵌着人与自然在生存发展方面不可分割、相互依存的一体性利益关系。这种一体性特征主要体现在两个方面:其一,自然界是人类赖以生存和发展的物质基础,人类的可持续发展受到自然资源与生态环境的约束;其二,人类改变自然的广度、深度和强度已经开始超过自然本身的力量,自然界已不能单靠生态规律的自发作用来调控其存在,而是愈发受到人类改造、利用它们的社会实践活动的影响和制约。换言之,人与自然的相互依存已经催生一个超越人类单

---

①　[法]卢梭:《社会契约论》,李平沤译,商务印书馆 2014 年版,第 17 页。

②　[美]奥尔多·利奥波德:《沙乡年鉴》,侯文蕙译,商务印书馆 2016 年版,第 231 页。

③　佘正荣:《天人一体民胞物与:对生命共同体的道德关怀》,广东人民出版社 2015 年版,第 61 页。

一成员的更大的生命共同体，而这个共同体既包含着人与自然共同的生存利益和环境利益，也覆盖了人类生命与非人类生命主体类型的种种具体差异。

人与自然是生命共同体的思想在本质上揭示了人与自然相互依存的统一性。在《1844年经济学哲学手稿》《资本论》等著作中，马克思在实践的基础上从"人与自然的对象性关系"、"人与自然的互动规律"、"人的解放与自然的解放的关系"三个方面揭示了人与自然辩证统一的内涵。而作为习近平生态文明思想的重要内容，"人与自然是生命共同体"的理念在继承和发展马克思主义生态自然观的基础上，更加强调人与自然的有机联系和整体性特征，它打破了"人类中心主义"与"非人类中心主义"两大传统伦理学派关于"内在价值"范畴的争论，从学理上阐明了人类对自然负有道德义务的缘由。

长期以来，建立在物质生产基础上的社会共同体放大了人的"类"自私本质。在这个单纯以人为界限的共同体中，环境道德义务只是人与人之间的道德义务，人们确立伦理原则和道德规范的出发点只是为了维护、调节人的利益，保障正常的生活秩序。于是，人的绝对主体性在这种"为我"的观念驱使下得到充分展现，自然在社会共同体中成了人类实现自身利益的工具，结果导致了自然资源的急剧减少和生态环境的严重破坏。霍尔姆斯·罗尔斯顿曾指出："人类中心主义者完全否定大自然的价值，认为人类对岩石、河流、动物以及生态系统没有任何道德义务，这是一种极不负责任的看法。"①在生命共同体的视域下，自然将获得与人同等重要的地位，一同成为生态伦理关心的道德对象。相应地，道德将不仅只是调节人与人的生存关系，而且也要调节人与自然的生态关系。把道德关心对象从人类成员扩展

———————

① ［美］霍尔姆斯·罗尔斯顿：《环境伦理学》，杨通进译，中国社会科学出版社2000年版，第2页。

到所有的生命主体,不能简单地理解为是人际伦理在自然领域的延伸,它表明人类已经超越了与工业文明相适应的文化观念,开始关注生命共同体的整体利益。正如习近平总书记所强调,对自然界不能只讲索取不讲投入、只讲利用不讲建设,"人与自然是一种共生关系,对自然的伤害最终会伤及人类自身"①。"人与自然是生命共同体"论断的提出将改变人们以人类中心主义思维来看待生态伦理的观点,帮助人们重新梳理人与自然的关系,为人类从事与自然相关的实践活动提供根本的价值遵循,即通过合理的物质变换谋求人与自然的和谐发展,实现人类主体价值和自然客体价值的统一。

(二)"绿水青山就是金山银山"

如何协调环境保护和经济发展的关系是生态文明建设和现代化建设始终要面对的基础性问题。在这个问题上,单纯的经济至上主义一味地强调发展而忽略环境保护对经济发展的制约作用,无法保证发展的可持续性;单纯的生态中心主义只注重环境保护而忽视经济发展对生态的支撑作用,难以有效消灭贫穷进而实现社会公正。从世界发展趋势以及中国的现实国情来看,二者均无法满足生态文明的要求以及人民群众的期待。如何实现对经济至上主义以及生态中心主义的科学扬弃,创造性地走出一条统筹经济发展与环境保护的绿色发展新路,是摆在中国共产党人面前亟待解决的现实难题。

党的十八大以来,在准确把握中国特色社会主义实践,深刻总结人类文明发展规律和生态文明建设规律的基础上,习近平总书记明确指出,"我们既要绿水青山,也要金山银山。宁要绿水青山,不要金山银山,而且绿水青

---

① 《习近平谈治国理政》第二卷,外文出版社 2017 年版,第 394 页。

山就是金山银山"①。"绿水青山"是指人类赖以生存的自然环境,是自然资本、生态效益等生态范畴的总称;"金山银山"是指经济社会发展的物质财富,是货币资本、经济价值等经济范畴的总称。"既要绿水青山,也要金山银山",即是说要做到在发展中保护、在保护中发展,不能因为保护环境而不敢迈出发展的步伐,也不能因为发展而破坏环境,强调实现生态环境保护与经济社会发展的统一。"宁要绿水青山,不要金山银山",突出了生态环境保护的优先位置,强调坚决摒弃以牺牲生态环境换取一时一地经济增长的短视做法和损害甚至破坏生态环境的盲目发展模式。"绿水青山就是金山银山",则凸显了绿水青山与金山银山存在相互转化的可能,生态环境优势能够转化为经济优势。习近平总书记关于"绿水青山就是金山银山"的科学论断,深刻阐明了经济发展与生态环境保护的辩证关系,不仅从学理层面否定了环境与发展非此即彼的错误观念,而且实现了对马克思主义生产力理论的继承与创新。

生产力的构成要素是生产力的基本内容。由于马克思恩格斯在其著述中并未确切地指明生产力究竟包括几个要素,因此,我国学术界自 20 世纪 50 年代开始围绕生产力的构成要素问题形成了"二要素说"与"三要素说"的激烈争论。二者的主要分歧在于"劳动对象"即人类把自己的劳动加在其上的一切物质资料是否构成生产力的要素。其中,物质资料既包括没有经过人类劳动加工的自然界现存物如矿藏、森林等,也包括经过加工的原材料,如棉花、钢铁等。恩格斯曾在《政治经济学批判大纲》中指出:"这样,我们就有了两个生产要素——自然和人,而后者还包括他的肉体活动和精神活动。"②恩格斯在这里提到的"自然"和"人"两个生产要素实际上是指生

---

① 《习近平关于社会主义生态文明建设论述摘编》,中央文献出版社 2017 年版,第 21 页。

② 《马克思恩格斯文集》第 1 卷,人民出版社 2009 年版,第 67 页。

产力要素包括物(自然)的要素和人的要素,但他没有对这两个方面作出进一步的、尤其是哲学上的概括。此后,马克思在《资本论》中提出了"劳动的自然生产力"的概念,即劳动在无机界中发现的生产力。他认为,自然界本身如土地、水等蕴藏着有助于物质财富生产的能力,劳动的这种自然生产力,"或者也可以说,这种自然产生的劳动生产率所起的作用自然和劳动的社会生产力的发展完全一样"①,是生产力的重要组成部分。可见,马克思恩格斯在研究生产力的基本范畴时,并未把自然界排除在外。实际上,劳动资料与劳动对象都源于自然,这种作用可能是直接的或者间接的,生产力的构成要素也必然包括自然要素。此外,生产力具有历史性,其处于不断发展变化中,生产力要素的内容并不是一成不变的。从某种程度上说,生产力要素范围与我们在人类历史过程中所处阶段以及对社会历史特征的认识深度有一定关系。

长期以来,人们在理论层面一直把生产力理解为单向度的征服型,而没有从可持续发展的角度把生态环境作为生产力的构成,加之现实生产力实践的偏颇,因而对自然界造成了很大的"破坏性"。这种对生产力理论认识的偏差所导致的结果就是人们在现实层面更多的只是关注生产力的经济价值而忽视其人本价值和生态价值,对生产力的研究落脚于如何最大程度地"解放和发展"生产力以获取更多的物质财富,而忽视了生产力的"保护"维度。事实上,人类社会的生产和再生产,应当包含人类赖以生存的生态环境的生产和再生产。人们对劳动对象的征服改造,不仅要以不破坏生态环境为限度,还要做到能动和受动的统一、改造和保护的统一、索取和再造的统一。诚然,上述情况的出现与社会历史条件的限制密不可分,彼时的中国生产力发展水平极度低下,人民日益增长的物质文化需要迫切要求最大程度

---

① 《马克思恩格斯文集》第 8 卷,人民出版社 2009 年版,第 370 页。

地解放和发展生产力以体现社会主义制度的优越性。因此,"为了多产粮食不得不毁林开荒、毁草开荒、填湖造地"①。但是,随着经济发展水平的提高,自然生态环境对经济社会可持续发展的制约作用愈发明显,单纯的"解放和发展生产力"已经无法满足社会发展的基本要求。在此意义上,人类的生产力体系中不仅应当包含人类利用自然满足自身需要的能力,还应该包括人类保护自然、寻求人与自然共同发展的能力。时代发展的必然要求为生产力概念注入新的内涵。习近平总书记强调"牢固树立保护生态环境就是保护生产力、改善生态环境就是发展生产力的理念"②。这将传统的生产力研究视域从"解放和发展"维度进一步拓展到"保护"维度,实现了对马克思主义政治经济学的发展。

我们正处于社会主义发展的初级阶段,生产关系对生产力的适应、上层建筑对经济基础的适应,依然面临不断调整的问题,这决定了我们仍然有必要通过全面深化改革进一步打破束缚生产力发展的体制机制枷锁。然而,需要指出的是,以牺牲资源和破坏环境为代价发展生产力的时代已经结束。习近平总书记指出,要"找准方向,创造条件,让绿水青山源源不断地向金山银山转化"③。所谓"找准方向,创造条件",就是指要发展既满足人类社会发展需求又兼顾生态环境的绿色(生态)生产力。传统的生产力发展由于强调人类对自然的征服和占有,从而加剧了人与自然的冲突和对立。要走出传统生产力发展模式的困境,就需要新的评价尺度,而人与自然的和谐统一是评价生产力发展的重要维度。作为一种新形态的生产力,绿色生产力以"生态化"为典型标志,旨在通过发展绿色科技将人类生产过程纳入生态系统的良性循环过程,促进人与自然、人与社会的和谐发展。绿色生产力

---

① 《习近平谈治国理政》第二卷,外文出版社 2017 年版,第 392 页。
② 《习近平关于社会主义生态文明建设论述摘编》,中央文献出版社 2017 年版,第 20 页。
③ 习近平:《之江新语》,浙江人民出版社 2007 年版,第 153 页。

实现了生产力发展的合目的性与合规律性的统一,为"绿水青山"向"金山银山"持续转化提供了可靠保证。"增强绿色青山就是金山银山的意识"被写入《中国共产党章程(修正案)》。作为生态文明建设的核心理念,"绿水青山就是金山银山"已经成为新时代树立社会主义生态文明观、引领中国走绿色发展之路的价值基石。

(三)"满足人民日益增长的优美生态环境需要"

党的十九大报告指出,我们既要创造更多物质财富和精神财富以满足人民日益增长的美好生活需要,也要提供更多优质生态产品以满足人民日益增长的优美生态环境需要。从"顺应人民群众对良好生态环境的期待"到"满足人民日益增长的优美生态环境需要"(以下简称"生态需要"),生态需要已跃升成为具有与物质需要、精神需要同等重要的地位。

何谓生态需要? 马克思恩格斯在《德意志意识形态》中指出:"他们的需要即他们的本性。"[1]在这里,马克思把"需要"理解为人的本质特性。"在现实世界中,个人有许多需要"[2],从需要的层次看,人的需要可以划分为生存需要、享受需要和发展需要;从需要的内容看,人的需要主要包括自然需要、社会需要以及精神需要。尽管马克思恩格斯等经典作家并未提及"生态需要"这一具体范畴,但生态需要的思想蕴涵在他们关于人的自然需要的相关理论阐述之中。20世纪80年代起,人的生态需要引起了我国学术界的高度重视,以刘思华等为代表的学者对生态需要的学理内涵展开了不同层面的解读,开启了生态需要研究的生态经济学视域。从哲学角度审视,生态需要在本质上是指人类为了维系自身的生存和发展对自然生态环境的需求与依赖。一般而言,人的生态需要既包括对自然产品、自然环境如

---

[1] 《马克思恩格斯全集》第3卷,人民出版社1960年版,第514页。
[2] 《马克思恩格斯全集》第3卷,人民出版社1960年版,第326页。

阳光、空气、水、植物等有形生态产品的需求，也包括对自然景观和人文景观如旅游风景名胜等无形生态产品的需求。换言之，生态需要具有二重性的特征，一方面表现为直接的、基本的物质性生存需要，另一方面表现为高级的精神性发展需要。传统理解认为，人是物质需要和精神需要的统一体。事实上，生态需要也是人类需要结构体系中必不可少的重要组成部分，三种需要互有联系，并不存在泾渭分明的界限。

在马克思看来，人的需要具有社会历史性，这表现为需要的产生、范围、数量和满足这些需要的方式受到社会历史条件的制约。从需要的产生看，"物质生活的这样或那样的形式，每次都取决于已经发达的需求，而这些需求的产生，也像它们的满足一样，本身是一个历史过程"①。从需要的范围看，"由于一个国家的气候和其他自然特点不同，食物、衣服、取暖、居住等等自然需要本身也就不同"②。此外，"需要的数量和满足这些需要的方式，在很大程度上取决于社会的文明状况，也就是说，它们本身就是历史的产物"③。就此而言，生态需要也具有同样的特性，其在现代社会中地位的凸显是理论与现实共同作用的结果。

从理论上讲，生态需要在人的全面发展中具有极其重要的地位。马克思把人的全面发展定义为："人以一种全面的方式，就是说，作为一个完整的人，占有自己的全面的本质。"④需要作为人的本质特性，实现人的全面发展的过程也就是人不断满足自身需要的过程。良好的生态环境，既是人的全面发展不可或缺的物质条件，也是人的全面发展的重要保证。在此意义上，满足人民日益增长的优美生态环境需要对于实现人的全面发展的重要性不言而喻。具体而言，一方面，人的生态需要的满足是人类生存与发展的

---

① 《马克思恩格斯文集》第 1 卷，人民出版社 2009 年版，第 575 页。
② 《马克思恩格斯文集》第 5 卷，人民出版社 2009 年版，第 199 页。
③ 《马克思恩格斯全集》第 32 卷，人民出版社 1998 年版，第 49 页。
④ 《马克思恩格斯文集》第 1 卷，人民出版社 2009 年版，第 189 页。

前提条件。自然界是人的无机的身体,从人诞生的第一天起,便给予着人类无私的馈赠,包括维持生命活动所必需的阳光、空气、水、适宜的温度等。作为维系生命有机体存在的首要前提,人的生态需要的满足与自然界须臾不可分离。正如马克思所说:"全部人类历史的第一个前提无疑是有生命的个人的存在。因此,第一个需要确认的事实就是这些个人的肉体组织以及由此产生的个人对其他自然的关系。"①也就是说,生命有机体的生态需要驱使着人从自然界中获取物质来源,进而为人的发展提供物质基础。另一方面,人的生态需要还包括对自然景观以及人文景观等无形生态产品的需求,这种享受自然美的精神需求在潜移默化中推动着人的全面发展。实现人的全面发展不仅要创造极大丰富的物质文明,更重要的是应当最大限度地满足人的精神生活。马克思指出:"植物、动物、石头、空气、光等等,一方面作为自然科学的对象,一方面作为艺术的对象,都是人的意识的一部分,是人的精神的无机界,是人必须事先进行加工以便享用和消化的精神食粮。"②优美的生态环境,是提升人的审美能力和丰富人的情感体验的重要渠道。满足人的生态需求,营造舒适宜居的生态环境,推动实现人与自然的和谐共生和动态平衡,能够促使二者在交互作用中获得全面的发展。

从现实层面看,人与自然关系的恶化直接催生了生态需要由"潜伏"向"显性化"转变。需要反映的是主体的一种缺失或不平衡的状态,以此观照人类愈发强烈的生态需要,实质上映射了人类生存与发展所依赖的良好生态环境正在逐步丧失的残酷现实。"随着我国社会主要矛盾转化为人民日益增长的美好生活需要和不平衡不充分的发展之间的矛盾,人民群众对优美生态环境需要已经成为这一矛盾的重要方面。"③人民群众过去"求温

---

① 《马克思恩格斯文集》第1卷,人民出版社2009年版,第519页。
② 《马克思恩格斯文集》第1卷,人民出版社2009年版,第161页。
③ 《习近平生态文明思想学习纲要》,学习出版社、人民出版社2022年版,第36页。

饱"，现在"盼环保"，对清新空气、清澈水质、清洁环境等生态产品的需求越来越迫切。对此，习近平总书记强调："必须顺应人民群众对良好生态环境的期待，推动形成绿色低碳循环发展新方式。"①习近平总书记关于满足人的生态需要的重要论述继承了马克思主义自然观中的人本理念。实际上，早在资本主义发展初期，马克思便深切地表达了对工人的生态需要无法得到满足的人文关怀。马克思认为，在资本逻辑的主导下，资本家为了追逐超额剩余价值，在农业和工业生产过程中肆意浪费资源、污染环境、破坏生态平衡，造成了人与自然的对立以及人与自身的异化。当前，由人与自然关系恶化所造成的生态环境破坏已经演变成为全球性生态问题，对整个人类的生存与发展构成了严重威胁。为保障人类最基本的生存条件，世界各国保护自然的呼声日益高涨、环境运动蓬勃发展。从某种意义上说，生态环境问题是诱发人的生态需要日益迫切的现实动因。

确立生态需要在人类需要结构体系中的基础性地位意义重大，它将引发人们在价值观念、生产方式、生活方式等一系列领域发生根本性变革。从人类社会发展史的角度看，人的需要的满足受社会历史条件的制约，满足人类需要的可能性空前增长的根源在于，近代机器大工业的出现推动了生产力的巨大发展。然而，历史实践证明，生产力前所未有的发展使得人类在处理人与自然的关系时走向了另一个极端，即陶醉于利用对自然的强大攫取能力来无限制地满足人的物质性需要。由此带来的后果是物质主义的价值观念盛行，以资源过度消耗、环境严重破坏为代价的传统生产方式和消费模式主导着社会经济发展。在中国特色社会主义新时代突出人的生态需要，能够形成物质性需要的生态制约，有助于扭转这一现状。这是因为，生态需要所主张的生态理性自觉要求物质性需要具有适度性，即在自我需要的满

---

① 《习近平关于社会主义生态文明建设论述摘编》，中央文献出版社 2017 年版，第25页。

足和生态环境的承载度之间保持适度的张力。而这种自律性的物质需要，也将对人类的原有实践方式及其观念产生一定冲击，符合可持续发展原则的绿色低碳、节约适度、文明健康的生活方式和消费模式将得到越来越多人的认同。在全球性生态危机日趋严峻的形势下，为人的生态需要"祛魅"，把颠倒的自然再颠倒过来势在必行。正如马克思所言："社会的迫切需要将会而且一定会得到满足，社会必然性所要求的变化一定会进行下去。"①中国特色社会主义进入新时代，我国社会主要矛盾已经转化为人民日益增长的美好生活需要和不平衡不充分的发展之间的矛盾。优美的生态环境是人民美好生活的重要组成部分，把"满足人民日益增长的优美生态环境需要"放在突出位置，一方面表明了以习近平同志为核心的党中央对新时代社会主要矛盾转化的科学把握，另一方面，也反映了我们党对人的自由全面发展认识的深化。

（四）"建设美丽的社会主义现代化强国"

新中国成立以来，中国共产党在探索实现社会主义现代化的过程中对现代化建设规律的认识不断深化。这主要体现在以下两个方面：一是在现代化战略安排上，实现了由 20 世纪 80 年代的"三步走"战略目标到党的十五大提出"两个一百年奋斗目标"的跨越；二是在现代化内涵维度上，实现了从建设"四个现代化"到建设"富强、民主、文明、和谐"的现代化国家的转变。党的十九大报告提出了新时代社会主义现代化"两步走"战略，第一步是从 2020 年到 2035 年，在全面建成小康社会的基础上，基本实现社会主义现代化；第二步是从 2035 年到本世纪中叶，在基本实现现代化的基础上，把我国建成富强民主文明和谐美丽的社会主义现代化强国。"两步走"战略

---

① 《马克思恩格斯文集》第 3 卷，人民出版社 2009 年版，第 231 页。

为全面建成小康社会以后的社会主义现代化建设擘画了清晰的时间表和路线图,更为重要的是,它首次提出"建设美丽的社会主义现代化强国",拓展了现代化战略目标的内涵,实现了与"五位一体"总布局的科学衔接。

在中国特色社会主义进入新时代的背景下,我国社会主要矛盾的变化要求社会主义现代化建设必须满足人民日益增长的优美生态环境需要。探索建设美丽的社会主义现代化强国,实则顺应了这一时代要求,其有利于推动形成人与自然和谐发展的现代化建设新格局,迈向社会主义生态文明新时代。这其中蕴含着深刻的历史逻辑、理论逻辑和实践逻辑。

从历史逻辑看,建设人与自然和谐共生的现代化是中国避免重蹈欧美国家传统现代化道路覆辙的必然选择。西方发达国家是较早开始现代化进程的国家,但是在现代化发展模式上他们选择的是一种"先污染后治理"的道路,这使得他们在环境方面付出了惨痛的代价,20世纪中期美国洛杉矶光化学烟雾事件和英国伦敦烟雾事件造成上万人员丧生就是典型的例证。到了20世纪六七十年代,西方发达国家经济发展过程中积累的社会矛盾日益凸显,包括环境污染、生态失衡、种族冲突等,由此各种社会运动集中爆发。其中,环境运动尤为突出,越来越多的社会成员卷入到抗议环境污染的活动中,环境运动影响的范围讯速超出区域、国家层次,形成了全国性、国际性的浩大声势。对此,围绕着现代工业社会如何应对环境危机的问题,国外理论界相继产生了可持续发展、生态现代化、再现代化等理论学派。尽管不同学派的基本主张互有差异,但是保护人类赖以生存和发展的自然环境,走可持续发展的现代化道路已经成为世界各国的共识。作为现代化进程中的"后发展"国家,中国理应汲取西方国家现代化环境危机的历史教训,顺应现代化的国际发展潮流,探索适合本国国情的中国式现代化道路。

从理论逻辑看,生态文明是社会主义现代化的题中应有之义。社会主义的历史使命在于实现人的解放,实现人的自由全面发展,因而,逐步解决人类发展过程中遇到的各种环境问题,实现人与自然和谐相处,本是社会主义的内生要求。依据马克思主义经典作家的构想,生态文明在社会主义制度下的实现有其历史必然性。同样,将生态学与社会主义结合起来,在当代世界颇有影响的生态社会主义理论也认为,"资本主义必须被废止或者用另一种生态友好型社会制度来替代"①,而只有在社会主义条件下才能实现人与自然的和谐,才能建立真正意义上的生态文明。如果没有良好的生态环境和生态条件,即使生产力再发达,物质产品再丰富,也不可能有高度的物质享受、精神享受和政治认同感,物质文明、精神文明、政治文明和社会文明的全面提升也就无从谈起。因此,生态文明构成社会主义现代化建设不可或缺的一部分,它与社会主义制度具有内在的契合性,是社会主义文明体系的重要基础。

从实践逻辑看,推进社会主义现代化建设必须立足于我国的基本国情。改革开放以来,我国社会主义现代化建设进入新时期,"在三十多年持续快速发展中,我国农产品、工业品、服务产品的生产能力迅速扩大,但提供优质生态产品的能力却在减弱,一些地方生态环境还在恶化"②。根据数据显示,2015 年,全国 2591 个县域中,生态环境质量为"优"和"良"的县域仅占国土面积的 44.9%;2016 年,全国有 254 个城市环境空气质量超标,占全部地级及以上城市数的 75.1%;全国 6124 个地下水水质监测点中,水质为较差级和极差级的监测点占比达到 60.1%。尽管十八大以来,党中央出台了一系列关于生态文明建设的重大决策部署,我国生态环境质量得到了明显的改善,但总体情况仍然不容乐观。习近平总书记指出:"我们在生态环境方面欠账太多了。"③。从生态文明的角度重新考察中国的现代化道路,开

---

① Joel Kovel,The enemy of nature:the end of capitalism or the end of the world?,London:Zed Books Ltd,2002,p.159.

② 习近平:《论坚持人与自然和谐共生》,中央文献出版社 2022 年版,第 109 页。

③ 习近平:《论坚持人与自然和谐共生》,中央文献出版社 2022 年版,第 23 页

辟一条全新的超越以往现代化模式的新道路,这对于处在经济社会发展转型关键时期的中国至关重要。党的十九大把"建设美丽的社会主义现代化强国"写入社会主义现代化基本纲领之中,是观照我国现实国情、回应现代化生态转型诉求的体现。

当前,我国在全球环境治理体系中的角色和定位正在发生深刻的变化,中国正日益成为全球生态治理的重要参与者、贡献者和引领者。在新的历史起点上,探索建设美丽的社会主义现代化强国,不仅为我们自身摆脱"先污染后治理"的资本主义发展模式,开辟生产发展、生活富裕、生态良好的社会主义现代化新道路提供了重要的思想引领,而且拓展了发展中国家走向现代化的途径,为解决人类现代化进程中的生态困境问题贡献了中国智慧,这恰恰彰显了我国在生态文明建设领域的道路自信、制度自信。

三、全球视野:在世界历史理论指导下参与全球环境治理

进入 21 世纪,生态危机呈现出了全球化的特点,世界各国愈发成为一个生态共同体。中国的生态文明建设实践无法脱离这一世界历史发展的趋势,因而,必须积极参与全球环境治理。这就要求我们在生态文明建设的过程中处理好地方性维度与全球性维度之间的关系,一方面有效应对生态帝国主义的挑战和影响,为本国的发展赢得话语空间;另一方面体现出作为一个大国的责任与担当,做全球环境治理的坚定支持者、拥护者和践行者。

(一)中国参与全球环境治理的历史进程

自 20 世纪八十年代以来,根据国际气候制度的演进和中国国际地位的变化,我国在全球环境治理历史进程中的角色大致可以划分为配合参与、坚

持原则、协同发展和主动引领四个阶段。

1.1988—1994 年：初次关注，配合参与

1988 年，世界气象组织和联合国环境规划署联合建立了科学研究和评估气候变化的第一个政府间机构——政府间气候变化专门委员会（IPCC），开始全面系统地关注气候变化的现状及其对人类社会的潜在影响。1992年 5 月，联合国大会通过《联合国气候变化框架公约》，气候变化进入到国际谈判进程中。1994 年 3 月，该公约正式生效，确定了不同发展水平国家具有"共同但有区别的责任"的气候变化治理原则，旨在将温室气体浓度控制在不会对气候系统产生破坏的相对稳定水平。在这一阶段，受限于当时国内对气候变化和环境问题的认识水平，我国将《联合国气候变化框架公约》视为一种国际环境协定。1990 年，为了配合参与该公约，国务院环境保护委员会专门设立了国家气候变化协调小组，由中国气象局专门负责中国政府和 IPCC 的联络对接工作。

总体而言，中国最早开始关注气候变化问题时，并没有像今天这样将生态文明建设摆到和经济建设、政治建设、文化建设和社会建设同等重要的位置，而是仅仅把它看作是自然科学领域的一个分支。关注这一问题的研究者也主要分布在自然科学领域，强调科学认识和把握气候变化规律。

2.1995—2005 年：认清本质，坚持原则

在这一阶段，中国参与全球环境治理主要围绕《京都议定书》展开。1997 年 12 月制定的《京都议定书》是前文所述《联合国气候变化框架公约》的补充条款，旨在通过法律约束限制温室气体排放，促进世界各国完成温室气体减排目标，避免人类受到全球变暖的威胁。1998 年，美国和中国都签署了《京都议定书》。美国政府在 2001 年 3 月宣布拒绝批准议定书，拒不执行议定书关于限制温室气体排放的各项条款。与之截然不同的是，

中国政府在 2002 年 8 月核定批准了该议定书,积极履行议定书关于限制温室气体排放的各项条款。以美国为代表的发达国家不仅没有如实履行《京都议定书》关于温室气体减排的条款,而且还枉顾人类发展大局将环境污染问题转移到发展中国家,给发展中国家的生态环境造成了严重破坏。实际上,世界各国是一个生态共同体,这种试图把环境污染转移到别国的做法实际上是自欺欺人,终有一天会自食其果。从环境政治学的角度看,发达国家的政治意图非常明显,气候变化已经不再是简单的生态环境问题,而是威胁国家安全的政治问题和外交问题。

应当说,中国政府在这一时期已经开始意识到温室气体减排和气候变化不仅仅是自然科学问题,而是与政治和外交密切关联的国家发展利益问题。基于此,中国在参与全球环境治理时开始保持高度警惕,将应对气候变化的国际谈判当作"政治仗"和"外交仗"来打。

3. 2006—2013 年:深化认识,自觉行动

随着《京都议定书》正式生效,世界各国争相在气候治理中展现自己的软实力,试图争取在国际舞台上的主导权。2007 年,中国政府在国家发改委机构中专门设立应对气候变化司,全面负责气候变化和温室气体减排工作。政府在"十一五"规划和"十二五"规划中直接把节能减排指标和 GDP 挂钩,应对气候变化由此成为经济社会发展所必须考虑的问题。减排标准的执行开始受到法律和舆论监督。2009 年,世界气候大会在哥本哈根召开。本次会议聚焦"责任共担",各国与会代表就未来应对气候变化的全球行动签署新的协议,即《哥本哈根协议》。在本次大会上,中国政府正式对外宣布控制温室气体排放的行动目标,中国计划在 2020 年完成单位 GDP 的 CO_2 排放比十五年前下降 40%—50%。自觉自主地确定并宣布减缓温室气体排放的目标,是中国着眼于推动人类应对气候变化历史进程的有力体现。2010 年,中国正式在国内启动低碳试点,以探索低碳经济发展模式,

积极践行减缓温室气体排放的目标。

在这一阶段，中国政府更加深刻地认识到生态环境对自身发展的重要意义，温室气体减排是可持续发展的必然要求。从长远角度来看，减排与国家发展目标具有内在一致性。因此，中国力求与其他国家协同合作，共同承担全球环境治理的责任与使命。

4. 2014 年至今：加强合作，主动引领

2014 年 11 月，中美两国发布了《中美气候变化联合声明》，标志着中美双方将在应对全球气候变化这一共同利益问题上正式开展合作。2015 年12 月，巴黎气候大会通过《巴黎协定》，规定了 2020 年以后应对气候变化的全球行动安排，希望将全球气温升高幅度控制在 2 摄氏度以内。2016 年 9月 3 日，中国加入《巴黎协定》。当天，中美两国元首在杭州共同出席气候变化《巴黎协定》批准文书交存仪式，并先后向联合国秘书长潘基文交存气候变化《巴黎协定》批准文书。习近平总书记在交存仪式致辞中指出："我现在向联合国交存批准文书，这是中国政府作出的新的庄严承诺。"①作为世界上最大的发展中国家和发达国家，中美两国在气候变化领域开展对话和合作体现了两国共同应对全球气候变化问题的决心。

党的十九大报告指出，自从党的十八大以来，我国生态文明建设成效显著。中国"引导应对气候变化国际合作，成为全球生态文明建设的重要参与者、贡献者、引领者"②。这段论述透露出两个层面的信息。

一方面，强调的是中国致力于国内生态文明建设。党的十八大以来，中国大力推进生态文明建设，坚持在经济社会各领域各环节全面贯彻落实绿色发展理念，以往那种只强调 GDP 而忽视生态环境保护的状况已经得到明

---

① 《习近平外交演讲集》第 1 卷，中央文献出版社 2022 年版，第 434 页。

② 习近平：《决胜全面建成小康社会 夺取新时代中国特色社会主义伟大胜利——在中国共产党第十九次全国代表大会上的报告》，人民出版社 2017 年版，第 6 页。

显转变,"绿水青山就是金山银山"的理念已经深入人心,生态文明建设已经上升到关乎中华民族永续发展的千年大计的战略地位上。在大力推进生态文明建设的过程中,中国探索总结出了一系列符合中国国情并且行之有效的生态文明建设经验,为国际社会生态环境治理提供了重要借鉴。中国是世界各国大家庭的一员,也是在国际舞台上具有重要影响力的负责任大国。在此意义上,中国生态文明建设取得显著成效就是在为全球生态文明建设做贡献,而且能够在全球范围内产生积极的示范效应。

另一方面,强调的是中国积极参与全球生态文明建设。这是我们党首次将引领全球气候治理写进党代会报告,标志着中国在全球气候治理格局中的角色变化。当前,中国在全球生态文明建设过程中的定位是重要的参与者、贡献者和引领者,而不是"领导者",充分体现了中国在国际环境问题上的基本立场,即全球气候治理是国际社会共同的责任,全球气候治理的领导权不应该被个别国家掌控在手中,而应该由世界各国共同参与。全球气候具有非常典型的公共物品属性,为了避免出现"公地悲剧",世界各国必须携起手来共同解决。站在全球道义的出发点上,中国坚持正确的义利观,积极践行对全球气候治理许下的承诺,主动承担起应负的责任。从以往的"被动跟随"到现在的"主动引领",不仅体现出中国在全球生态文明建设中角色姿态的转变,而且彰显出中国在日渐提升的综合国力支撑下的大国责任意识。积极主动地参与和引领全球生态文明建设,不仅是中国对维护全球生态安全的责任担当,也是中国自身发展的必然选择,是人类命运共同体理念在生态环境领域的生动映照,顺应了历史发展趋势。

(二)中国参与全球环境治理的基本原则

近年来,西方发达国家愈发觉得新兴国家从全球化过程中获得的利益越来越多,而发达国家自身的利益却由此遭到削减。为了维护既得利益和巩固垄断地位,原本极力倡导全球化的西方发达国家纷纷"变脸",一场声势浩大的"逆全球化"运动由此而来。2016 年,英国举行全民公投,最终投票结果显示,52%的选民支持"脱欧",48%的选民支持"留欧"。"脱欧"票数以 4%的优势领先"留欧"票数,"脱欧"成为英国的必然选择。美国相继宣布退出《跨太平洋伙伴关系协定》《巴黎协定》《全球移动协议》以及联合国科教文组织等国际协定和国际组织,采取一系列新孤立主义外交政策以维护本国的国家利益。欧盟则深陷欧债危机、种族危机、难民危机、恐怖袭击、认同危机等多重危机之中。

事实上,任何国家在进行国际社会交往时都是以维护国家利益为首要原则的,应对全球气候变化和推进全球环境治理也不例外。2017 年 6 月,美国宣布退出《巴黎协定》,给全球气候治理带来了资金、技术和领导力等一系列新的难题。早在竞选期间,特朗普就毫不隐讳地亮出"每个国家都有权以自己的利益为先"的口号;就任总统以后,他在国际事务参与中不遗余力地奉行"美国优先"原则。这种以美国利益为中心的外交政策由来已久,并不是特朗普主政时期才形成的。早在美国独立战争期间,美国政府就曾采取"孤立主义"的处理方式来避免自己卷入战争,进而为发展赢得机遇。在此后的历史长河中,孤立主义曾以多种面貌出现。"门罗主义""杜鲁门主义"和"威尔逊主义"等都是孤立主义的表现形式。可以说,孤立主义是美国外交政策的内核。现如今,特朗普政府一系列"逆全球化"之举的实质就是孤立主义在当前阶段的死灰复燃。

透过表面现象,我们可以总结出当前全球环境治理困境的本质是整个人类与民族国家之间、不同民族国家之间(包括发达国家与发展国家之间)的利益矛盾。本尼迪克特·安德森将民族国家视为"想象的共同体",认为不同国家的国民之所以认为他们是这一国的国民,而不是那一国的国民,其原因就在于每个国家的民族情感和文化根源都是独一无二的。不同的文化根源塑造出不同的民族秉性,形成了各式各样的"想象的共同体"。人是民族国家共同体的基本构成要素,没有了人,国家也就不复存在。马克思曾经指出:"人们为之奋斗的一切,都同他们的利益有关。"①人是追逐利益的动物,那么,由人组成的国家共同体也是追逐利益的。人与人之间存在利益纷争,民族国家与民族国家之间也免不了要存在利益纷争。资源是有限的,由于资源争夺引起的利益纷争不仅仅适用于个体,同样也适用于民族国家共同体。面对"逆全球化"现象给全球环境治理造成的冲击,中国仍然主张国际社会应该携手同行,共谋全球生态文明建设之路。

在参与全球环境治理过程中,中国必须妥善处理好生态文明建设的全球性维度和地方性维度的关系,坚持共同但有区别责任原则。所谓"共同但有区别责任原则",是国际环境法中明文规定的人类共同应对全球生态危机的法律基础,包括共同的责任和有区别的责任两层含义。共同的责任是指世界各国都要担负起守护地球家园的责任。但是,由于发达国家和发展中国家在对全球生态系统所施加的压力和对全球自然资源消耗存在显著差异,为了体现污染者付费的公平原则,发达国家需要承担比发展中国家更多的责任。这启示我们在生态文明建设的过程中必须做到以下两点。

其一,观照全球利益和人类利益,体现大国的责任和担当。中国生态文明建设实践是在全球化这一宏观历史视野中展开的,只有从全人类的利益出发,积极参与全球环境治理,才能够获得道义上的话语权。环境污染已经发展成为了一个全球性的问题,不管是大气污染在空中流动,还是洋流污染在海中流动,它们不会因国界的限制戛然而止。面对全球环境问题,民族国家不能再狭隘地把自己视为"我们",而排斥性地把其他民族国家视为"他们"。在全球环境治理的大方向上,首先要清醒地认识到,整个人类是休戚

---

① 《马克思恩格斯全集》第 1 卷,人民出版社 1995 年版,第 187 页。

与共的命运共同体,都是可以信任的"我们"。事实上,随着新一轮全球化进程的到来,生态危机愈发呈现出全球性的特点,任何国家都难以独善其身,共同参与治理才是明智的选择。从长远角度来看,始终坚持环境友好,积极参与全球环境治理就是为自身发展谋先机,与其他国家和国际组织合作应对气候变化是中国自身实现可持续发展的必然选择。中国人民的梦与世界人民的梦是相通的,只要牢牢把握解决生态危机、维护生态安全这一不同国家人民之间的利益契合点,就有可能构建起符合各国人民期待的全球环境治理合作共同体。

其二,立足于中国现代化的实际,着力捍卫作为发展中国家的发展权和环境权。中国始终在共同但有区别责任原则的指导下参与全球环境治理。习近平总书记强调:"发达国家和发展中国家对造成气候变化的历史责任不同,发展需求和能力也存在差异。"①这段论述充分表明了中国对于共同应对全球性生态危机的主张,符合马克思主义关于实事求是和具体问题具体分析的基本原理。由于经济社会发展的文明程度以及对生态环境所造成的负荷程度存在明显差异,发达国家在应对全球气候变化方面理应承担更多的责任,倘若不分国家地实施相同的标准,那么这是有悖公平正义原则的。"坚持共同但有区别的责任原则,不是说发展中国家就不要为全球应对气候变化作出贡献了,而是说要符合发展中国家的能力和要求。"②新时代,我国社会主要矛盾已经发生了转化。在人民日益增长的美好生活需要框架内,群众对生态安全和生态产品质量的需求越来越明显,迫切要求政府在新时代生态文明建设领域有新的更高的作为。但是,我们也要清醒地认识到,社会主要矛盾的转变并没有改变我国的基本国情。作为发展中国家,我们必须坚持共同但有区别责任原则,在承担应有环境治理责任的同时,还

---

① 习近平:《论坚持人与自然和谐共生》,中央文献出版社 2022 年版,第 99 页。
② 《习近平生态文明思想学习纲要》,学习出版社、人民出版社 2022 年版,第 103 页。

要着力捍卫自身作为发展中国家的发展权和环境权。否则,如果按照西方发达国家所制定的标准来承担相应的环境治理责任,那就会陷入资本主义国家的"陷阱",这既违背中国的现实国情,也不符合环境正义的原则。

(三)构建人类命运共同体:全球环境治理的"中国方案"

在全球环境治理合作陷入困境的背景下,中国提出"构建人类命运共同体"的倡议,不失为一种可行的方案。党的十九大报告强调要将人类命运共同体理念应用于全球环境治理领域,并提出在人类命运共同体理念指导下全球环境治理的美好愿景,即建成一个"清洁美丽"的世界。

人类命运共同体理念是对马克思主义共同体思想的继承与发展。马克思和恩格斯在《共产党宣言》《德意志意识形态》等著作中提出了世界历史理论。他们认为,生产力发展和科学技术进步促进了全球化进程,打破了不同民族国家之间的隔绝状态,人类历史由单一的民族历史向整体的世界历史转变。在这一转变中,越来越多涉及人类共同利益的问题开始出现,各民族国家在考虑维护本国国家利益的同时,也不得不关注人类共同的利益诉求,否则就会在国际舞台上失去道义支持。在马克思和恩格斯看来,正是由于个体之间存在着共同的利益需要,他们才能组成各式各样的共同体。不置可否,个体的利益需要并非千篇一律,由于个体及其利益需要具有特殊性,因此共同体中总是存在着各种各样的利益矛盾,其中最典型的就是个体的特殊利益和普遍利益之间的矛盾。对此,马克思和恩格斯提出"虚幻的共同体"概念,认为特殊利益和共同利益之间的矛盾催生了"虚幻的共同体",统治阶级需要通过国家共同体的形式约束各式各样的特殊利益矛盾。"虚幻的共同体"是为马克思和恩格斯所批判的异化共同体。只有以人的自由全面发展为终极目标的共同体才是"真正的共同体",也就是马克思和恩格斯所说的"自由人联合体"。

在人类命运共同体的概念阐述中,"清洁美丽"是一个重要面向。从整个人类的高度看待与处理人与自然的关系,是科学把握人类命运共同体理念的重要维度。2015 年 11 月,习近平总书记在巴黎气候大会开幕式上的讲话中全面论述了人类命运共同体理念在全球环境治理中的运用,为全球环境治理提供了"中国方案"。具体而言,我们可从以下三个维度去理解该方案。

第一,全球环境治理的"中国方案"的突出特点是,强调把全球环境治理与世界各国的可持续发展和民生改善工作有机结合。"生态环境关系各国人民福祉,必须充分考虑各国人民对美好生活的向往、对优良环境的期待、对子孙后代的责任,探索保护环境和发展经济、创造就业、消除贫困的协同增效,在绿色转型过程中努力实现社会公平正义,增加各国人民获得感、幸福感、安全感。"①"中国方案"始终认为,解决全球生态危机不仅和发展经济、消除贫困不冲突,而且是实现经济可持续发展、消除贫困的必然选择。环境治理与经济社会发展不是非此即彼、非你即我的零和博弈关系,而是可以相辅相成、互相促进的和谐共生关系。并且,绿色的经济社会发展方式能够产生更优质更可持续的发展效果。在工业文明时期,西方发达国家所走的"先污染,后治理"的发展道路给生态环境造成超负荷的压力,并且有很多污染一旦形成就不可修复,花再多的钱也弥补不了环境危机的漏洞。从长远角度来看,坚持走绿色低碳的可持续发展道路,是福及子孙后代的大计。

第二,全球环境治理的"中国方案"始终倡导在共同但有区别责任原则的指导下实现环境正义。解决全球生态危机是世界各国共同的责任,理应由各国共同参与实现。但是,我们必须认识到,世界各国在全球环境治理中

① 《习近平生态文明思想学习纲要》,学习出版社、人民出版社 2022 年版,第 102 页。

承担着不同责任，"应该尊重各国特别是发展中国家在国内政策、能力建设、经济结构方面的差异，不搞一刀切"①。在资本的驱动下，发达国家和发展中国家在现代化进程中对生态危机的治理程度有所区别，并且发达国家比发展中国家更具技术和资金等方面的优势。为了实现"环境正义"，必须坚持谁污染谁付费原则，发达国家应该承担比发展中国家更多的责任。如果毫无限制地放任资本逐利，全然不顾生态环境，那么将进一步加剧日益恶化的生态危机甚至会引发其他新的危机。在全球环境治理过程中，只有毫不动摇地坚持共同但有区别责任原则，才能为任性的"资本"套上缰绳，保住人类赖以生存的共同家园。

第三，全球环境治理的"中国方案"的方法论是搞试点、促改革。"先试点后推广"是中国特色社会主义发展过程中总结出来的典型经验之一。这是一种为了验证某种改革预设制度或措施是否适用于实践，而采取先在某个地区或某个领域小规模推行，经实践检验确证行之有效之后，再大规模地普及和推广开来的做法。习近平总书记指出，应对气候变化是全球治理的关键领域之一，"应对气候变化的全球努力是一面镜子，给我们思考和探索未来全球治理模式、推动建设人类命运共同体带来宝贵启示"②。马克思主义认识论认为，好的经验往往是在实践中得来的。由此可见，中国将应对全球气候变化视为践行人类命运共同体理念的一个试点，共同应对全球气候变化的全球合作能够为探索新的全球治理模式积累经验。

---

① 习近平：《论坚持人与自然和谐共生》，中央文献出版社 2022 年版，第 115 页。
② 《习近平谈治国理政》第二卷，外文出版社 2017 年版，第 529 页。

结　语

在历史向世界历史转变的宏观背景下,生态危机已经从一国的区域性问题发展演化成为世界各国所共同面临的全球性问题。尽管国内外的学者关于这一问题的研究由来已久,但理论界围绕生态危机根源问题仍然存在巨大争议,并没有达成统一的共识。究其原因,主要在于理论界到目前为止还没有形成一种能够反映生态危机本质、便于把握生态问题复杂性的研究范式,而这恰恰是破解生态危机根源争议的关键。长期以来,人们在考察生态危机"根源"时一定程度上混淆了"成因"与"根源"的区别。"根源"应当是能够反映事物本质属性的原因。这意味着我们在分析生态危机产生的根源时必须透过各种表象,认识到人与自然关系的紧张与恶化,其实质是人与人、人与社会的关系外化作用于自然界的结果。在此意义上,以唯物史观来审视生态危机根源的正当性就在于,相比较于其他思想谱系而言,建立在实践基础上的唯物史观凭借其对人与自然、社会相互关系的深刻洞察而更具分析这一问题的科学性和可能性。

本书以唯物史观作为理论基础和分析工具来对生态危机根源问题展开研究始终遵循和贯彻两个基本原则。一是透过人与自然自然关系恶化的本质,看到经济因素的根本作用,进而从"生产方式总体"层面去对生态危机根源加以剖析;二是在区分事实判断与价值判断的基础上,把生态问题放在一定历史范围内,结合具体历史环境对不同社会制度国家的生态危机进行考察,进而实现历史与逻辑相统一。

在这两个原则的指导下,本书认为,资本主义生产方式与自然生态环境存在必然冲突,这种植根于资本主义内在矛盾的生态危机是资本主义国家无法通过自身调整来克服的。资本主义生产方式是以社会化的机器大生产为物质条件、以生产资料的私人占有为基础特征的社会经济制度。机器大生产推动了资本主义生产力发展水平的大幅跃升,进而使得人类获取了对自然界进行攫取和破坏的巨大能力,这在客观上增加了人与自然关系紧张与恶化的风险。而生产资料的私人占有决定了资本主义生产关系的性质在事实上体现为资本的性质。资本作为一种社会存在物和社会力量,它无限积累增殖的本性和经济理性的运行原则与地球有限的自然资源和环境承载力存在不可调和的矛盾。进入新世纪以来资本主义国家通过发展"生态资本主义"、"稳态的资本主义"等战略来调节人与自然的关系,使得西方国家的生态环境出现了较大改善,但这并不意味着他们从根本上克服了植根于资本主义内在矛盾的生态危机,因为上述国家生态环境质量的改善在很大程度上是建立在全球环境状况整体恶化或者说对发展中国家进行"生态剥削"的基础上实现的。近年来中国以及东南亚国家开始颁布实施的"洋垃圾禁令"对西方国家造成的影响就是最好的例证。事实上,"资本主义生产的真正限制是资本本身",而当代资本主义发展的历史限度表现为它的自然维度,就此而言,资本主义生产方式所造成的生态危机可以看作是资本主义自我否定的自毁机制的当代表现形式。

当前,中国正在如火如荼地开展社会主义生态文明建设,建设美丽中国成为社会主义现代化的重要目标之一。事实上,中国共产党从十七大开始就已经提出了"建设生态文明"的目标。在党的十八大上,更是进一步将生态文明建设纳入中国特色社会主义"五位一体"总体布局,从而对生态文明建设提出了更高的要求。而作为实现中华民族永续发展的千年大计,建设生态文明的首要前提在于厘清生态问题的成因。在这一历史背景下,以唯物史观的视角对生态文明建设的基础性理论问题即生态危机根源展开深入研究,探寻生态危机的解决之道,无疑具有重要的理论价值和现实意义。在本书当中,笔者在系统阐发唯物史观生态文明意蕴的基础上,尝试运用唯物史观的基本立场、观点和方法来对全球性生态危机根源做出合乎逻辑的阐释,并对为什么资本主义国家生态环境状况会出现改善等问题进行了探索,这不仅能够深化和推进理论界关于生态危机根源问题的研究,而且能够破除西方学者关于唯物史观的生态质疑,廓清社会主义制度与生态危机之间的必然联系。更为重要的是,它能够为新时代生态文明建设提供理论释疑和具体指引。囿于自身学术积累和知识储备有限,笔者对于与本书相关的全球生态正义问题、私有资本在中国作用和影响的边界问题以及如何结合中国生态文明建设实践建构当代马克思主义生态文明理论等问题的研究和阐释仍然存在一定不足,这也是本人后续研究需要进一步深化和拓展的重点和方向。

参考文献

一、经典著作

1.《马克思恩格斯文集》(第1—10卷),人民出版社2009年版。

2.《马克思恩格斯全集》第1卷,人民出版社1995年版。

3.《马克思恩格斯全集》第2卷,人民出版社1957年版。

4.《马克思恩格斯全集》第3卷,人民出版社1960年版。

5.《马克思恩格斯全集》第20卷,人民出版社1971年版。

6.《马克思恩格斯全集》第23卷,人民出版社1972年版。

7.《马克思恩格斯全集》第26卷(第三册),人民出版社1974年版。

8.《马克思恩格斯全集》第30卷,人民出版社1995年版。

9.《马克思恩格斯全集》第32卷,人民出版社1998年版。

10.《马克思恩格斯全集》第39卷,人民出版社1974年版。

11.《马克思恩格斯全集》第44卷,人民出版社2001年版。

12.《马克思恩格斯全集》第46卷(上册),人民出版社1979年版。

13.《列宁选集》第2卷,人民出版社2012年版。

14.《习近平谈治国理政》第一卷,外文出版社2018年版。

15.《习近平谈治国理政》第二卷,外文出版社2017年版。

16.《习近平关于社会主义生态文明建设论述摘编》,中央文献出版社2017年版。

17. 习近平:《决胜全面建成小康社会　夺取新时代中国特色社会主义伟大胜

利——在中国共产党第十九次全国代表大会上的报告》，人民出版社 2017 年版。

18. 习近平：《论坚持人与自然和谐共生》，中央文献出版社 2022 年版。

19. 习近平：《之江新语》，浙江人民出版社 2007 年版。

二、著作

1. 黄树成：《马克思人的解放理论与马克思历史观》，江西人民出版社 2011 年版。

2. 冯景源：《唯物史观的形成和发展史纲要》，中央编译出版社 2014 年版。

3. 吴晓明：《形而上学的没落：马克思与费尔巴哈关系的当代解读》，北京师范大学出版社 2017 年版。

4. 梁志学：《论黑格尔的自然哲学》，人民出版社 2018 年版。

5. 雷毅：《深生态学思想研究》，清华大学出版社 2001 年版。

6. 杨通进：《环境伦理：全球话语中国视野》，重庆出版社 2007 年版。

7. 严耕、杨志华：《生态文明的理论与系统建构》，中央编译出版社 2009 年版。

8. 卢风：《从现代文明到生态文明》，中央编译出版社 2009 年版。

9. 余谋昌：《环境哲学：生态文明的理论基础》，中国环境科学出版社 2010 年版。

10. 黄承梁、余谋昌：《生态文明：人类社会全面转型》，中共中央党校出版社 2010 年版。

11. 陈学明：《谁是罪魁祸首——追寻生态危机的根源》，人民出版社 2012 年版。

12. 刘思华：《生态马克思主义经济学原理》，人民出版社 2014 年版。

13. 张云飞：《唯物史观视野中的生态文明》，中国人民大学出版社 2014 年版。

14. 郇庆治：《当代西方生态资本主义理论》，北京大学出版社 2015 年版。

15. 佘正荣：《天人一体民胞物与：对生命共同体的道德关怀》，广东人民出版社 2015 年版。

16. 解保军：《生态资本主义批判》，中国环境出版社 2015 年版。

17. 方世南：《马克思恩格斯的生态文明思想——基于〈马克思恩格斯文集〉的研究》，人民出版社 2017 年版。

18. 王雨辰：《生态批判与绿色乌托邦——生态学马克思主义理论研究》，人民出版社 2009 年版。

19. 王雨辰:《生态学马克思主义与后发国家生态文明理论研究》,人民出版社 2017 年版。

20. 秦书生:《生态技术论》,东北大学出版社 2009 年版。

21. 蔡华杰:《另一个世界可能吗? 当代生态社会主义研究》,社会科学文献出版社 2014 年版。

22. 陈永森、蔡华杰:《人的解放与自然的解放》,学习出版社 2015 年版。

23. 陈墀成、蔡虎堂:《马克思恩格斯生态哲学思想及其当代价值》,中国社会科学出版社 2014 年版。

24. 刘希刚:《马克思恩格斯生态文明思想及其中国实践研究》,中国社会科学出版社 2014 年版。

25. 王治河:《全球化与后现代性》,广西师范大学出版社 2003 年版。

26. 王维:《人·自然·可持续发展》,首都师范大学出版社 1999 年版。

27. 范溢娉、李洲:《生态文明启示录:危机中的嬗变》,中国环境出版社 2016 年版。

28. ErnstHaeckel, *Generelle Morphologie der Organismen*, Reimer: Berlin, 1866.

29. Paul Ehrlich, *The Population Bomb*, New York: Ballantine, 1968.

30. Gorz, A, *Ecology as Politics*, Boston: South End Press, 1980.

31. Paul W.Taylor, *Respect for Nature: A Theory of environment ethics*, Princeton: princetion university press, 1986.

32. William Leiss, *The Limits to Satisfaction*, Montreal: Mcgill – Queen's University press, 1988.

33. Herman Daly, *Steady–State Economical*, Landon: Earthscan, 1992.

34. Robyn Eckersley, *Environmentalism and Political Theoy*, Albany: State of University Press, 1992.

35. Wade Sikorski, *Modernity and Technology*, Tuscaloosa: University of Almabama Press, 1993.

36. Tim Hayward, *Political Theory and Ecological Values*, Cambridge,: Polity

Press,1998.

37. John B.Cobb,Jr.,*The Earthist Challenge to Economism*,London:Palgrave Macmillan,1999.

38. John Bellamy Foster,*Ecology Against Capitalism*,New York:Monthly Review Press,2002.

39. Joel Kovel,*The enemy of nature:the end of capitalism or the end of the world?*,London:Zed Books Ltd,2002.

40. John Bellamy Foster,Brett Clark,Richard York,*The Eco-logical Rift:Capitalism's War on the Earth*,New York:Monthly review Press,2010.

41. Aryeh Neier,*The International Human Rights Movement:A History*,Princeton:princeton University Press,2012.

三、译著

1.［德］康德:《康德著作全集》第4卷,中国人民大学出版社2005年版。

2.［德］康德:《纯粹理性批判》,商务印书馆2017年版。

3.［德］黑格尔:《哲学史讲演录》第4卷,上海人民出版社2017年版。

4.［德］黑格尔:《自然哲学》,商务印书馆2017年版。

5.［德］谢林:《先验唯心论体系》,商务印书馆2017年版。

6.［德］费尔巴哈:《基督教的本质》,荣震华译,商务印书馆2009年版。

7.［美］丹尼斯·米都斯等:《增长的极限——罗马俱乐部关于人类困境的研究报告》,四川人民出版社1983年版

8. 世界环境与发展委员会编:《我们共同体的未来》,吉林人民出版社1997年版。

9.［意］奥力雷奥·佩西:《未来的一百页:罗马俱乐部总裁的报告》,中国展望出版社1984年版。

10.［美］詹姆斯·博特金等:《回答未来的挑战——罗马俱乐部的研究报告〈学无止境〉》,上海人民出版社1984年版。

11.［法］卢梭:《社会契约论》,李平沤译,商务印书馆2014年版。

12. [美]丹尼尔·A.科尔曼:《生态政治:建设一个绿色社会》,上海译文出版社 2002 年版。

13. [美]巴里·康芒纳:《封闭的循环:自然、人和技术》,侯文蕙译,吉林人民出版社 1997 年版。

14. [美]霍尔姆斯·罗尔斯顿:《环境伦理学》,杨通进译,中国社会科学出版社 2000 年版。

15. [美]奥尔多·利奥波德:《沙乡年鉴》,商务印书馆 2016 年版。

16. [英]马尔萨斯:《人口原理》,中国人民大学出版社 2018 年版。

17. [英]安东尼·吉登斯:《历史唯物主义的当代批判——权利、财产与国家》,上海译文出版社 2010 年版。

18. [美]赫伯特·马尔库塞:《单向度的人——发达工业社会意识形态研究》,上海译文出版社 2016 年版。

19. [加]本·阿格尔:《西方马克思主义概论》,中国人民大学出版社 1991 年版。

20. [加]威廉·莱斯:《自然的控制》,重庆出版社 2007 年版。

21. [美]詹姆斯·奥康纳:《自然的理由——生态学马克思主义研究》,南京大学出版社 2003 年版。

22. [美]约翰·贝拉米·福斯特:《马克思的生态学——唯物主义与自然》,高等教育出版社 2006 年版。

23. [美]约翰·贝拉米·福斯特:《生态危机与资本主义》,上海译文出版社 2006 年版。

24. [美]约翰·贝拉米·福斯特:《生态革命——与地球和平相处》,人民出版社 2015 年版。

25. [日]岩佐茂:《环境的思想——环境保护与马克思主义的结合处》,中央编译出版社 2006 年版。

26. [印]萨拉·萨卡:《生态社会主义还是生态资本主义》,山东大学出版社 2008 年版。

27. [美]戴维·哈维:《正义、自然和差异地理学》,上海人民出版社 2010 年版。

28.［英］乔纳森·休斯:《生态与历史唯物主义》,江苏人民出版社 2011 年版。

29.［英］戴维·佩珀:《现代环境主义导论》,格致出版社、上海人民出版社 2011 年版。

30.［英］戴维·佩珀:《生态社会主义:从深生态学到社会正义》,山东大学出版社 2012 年版。

31.［英］特德·本顿:《生态学马克思主义》,社会科学文献出版社 2013 年版。

32.［美］菲利普·克莱顿、贾斯廷·海因泽克:《有机马克思主义——生态灾难与资本主义的替代选择》,人民出版社 2015 年版。

33.［英］阿尔弗雷德·诺斯·怀特海:《过程与实在——宇宙论研究》,中国人民大学出版社 2013 年版。

34.［美］赫尔曼·达利、小约翰·柯布:《21 世纪生态经济学》,中央编译出版社 2015 年版。

35.［美］大卫·雷·格里芬等著:《超越解构:建设性后现代哲学的奠基者》,中央编译出版社 2001 年版。

36.［美］艾尔弗雷德·克罗斯比:《生态帝国主义:欧洲生物扩张 900—1900》,辽宁教育出版社 2001 年版。

四、学术文章

1. 约翰·贝拉米·福斯特:《社会主义的复兴》,《当代世界与社会主义》2006 年第 1 期。

2. 李澄:《论历史唯物主义的方法论意义》,《晋阳学刊》1989 年第 1 期。

3. 汪信砚:《人类中心主义与当代的生态环境问题——也为人类中心主义辩护》,《自然辩证法研究》1996 年第 12 期。

4. 刘湘溶:《生态环境危机诸原因的伦理学批判》,《道德与文明》1991 年第 3 期。

5. 张云飞:《社会发展生态向度的哲学展示——马克思恩格斯生态发展观初探》,《中国人民大学学报》1992 年第 2 期。

6. 张云飞:《生态危机:资本主义总体危机的表现和表征》,《社会科学辑刊》

2017 年第 1 期。

7. 方世南：《马克思的环境意识与当代发展观的转换》，《马克思主义研究》2002年第 3 期。

8. 方世南：《马克思唯物史观中的生态文明思想探微》，《苏州大学学报（哲学社会科学版）》2015 年第 6 期。

9. 曹孟勤：《超越人类中心主义和非人类中心主义》，《学术月刊》2003 年第6 期。

10. 刘仁胜：《马克思和恩格斯与生态学》，《马克思主义与现实》2007 年第 3 期。

11. 张剑：《生态殖民主义批判》，《马克思主义研究》2009 年第 3 期。

12. 陈学明：《马克思"新陈代谢"理论的生态意蕴——J.B.福斯特对马克思生态世界观的阐述》，《中国社会科学》2010 年第 2 期。

13. 陈学明：《我们今天如何开展消除生态危机的斗争？——生态马克思主义者J·B·福斯特给予的启示》，《复旦大学学报（社会科学版）》2010 年第 5 期。

14. 陈学明：《资本逻辑与生态危机》，《中国社会科学》2012 年第 11 期。

15. 顾钰民：《生态危机根源与治理的马克思主义观》，《毛泽东邓小平理论研究》2015 年第 1 期。

16. 顾钰民：《以绿色理念引领建设社会主义生态文明——对刘顺老师〈资本逻辑与生态危机根源〉观点的回应》，《上海交通大学学报（哲学社会科学版）》2017 年第 3 期。

17. 王雨辰：《当代生态文明理论的三个争论及其价值》，《哲学动态》2012 年第8 期。

18. 王雨辰：《生态学马克思主义对历史唯物主义生产力发展观的重构》，《哲学动态》2014 年第 3 期。

19. 曹顺仙：《马克思恩格斯生态哲学思想的"三维化"诠释——以马克思恩格斯生态环境问题理论为例》，《中国特色社会主义研究》2015 年第 6 期。

20. 周光讯：《资本主义制度才是生态危机的真正根源》，《马克思主义研究》2015 年第 8 期。

21. 王雨辰：《论西方绿色思潮的生态文明观》，《北京大学学报（哲学社会科学版)》2016 年第 4 期。

22. 郇庆治:《"碳政治"的生态帝国主义逻辑批判及其超越》,《中国社会科学》2016 年第 3 期。

23. 张盾:《马克思与生态文明的政治哲学基础》,《中国社会科学》2018 年第 12 期。

24. 何畏:《浅析生态危机问题认识上的三大偏差》,《哲学研究》2016 年第 4 期。

25. 刘顺:《资本逻辑与生态危机根源——与顾钰民先生商榷》,《上海交通大学学报(哲学社会科学版)》2016 年第 1 期。

26. 陈泉生:《当前危机的主要特征及原因》,《福州大学学报(哲学社会科学版)》2000 年第 2 期。

27. 包茂宏:《非洲的环境危机与可持续发展》,《北京大学学报(哲学社会科学版)》2001 年第 3 期。

28. 彭福扬、曾广波:《论生态危机的四种根源及其特征》,《湖南大学学报(社会科学版)》2002 年第 4 期。

29. 庄穆:《生态环境之根源分析》,《马克思主义与现实》2004 年第 2 期。

30. 张彭松:《生态危机的现代性根源》,《求索》2005 年第 1 期。

31. 邓晓芒:《马克思人本主义的生态主义探源》,《马克思主义与现实》2009 年第 1 期。

32. 赵成:《马克思的生态思想及其对我国生态文明建设的启示》,《马克思主义与现实》2009 年第 2 期。

33. 韩喜平、李恩:《当代生态文化思想溯源——兼论科学发展观的生态文化意蕴》,《当代世界与社会主义》2012 年第 3 期。

34. 包庆德:《评阿格尔生态学马克思主义异化消费理论》,《马克思主义研究》2012 年第 4 期。

35. 秦书生:《马克思恩格斯经济发展生态化思想及其当代价值》,《思想理论教育导刊》2012 年第 10 期。

36. 卜祥记、陈亚娟:《经济哲学视域中生态危机的发生机制透析》,《马克思主义与现实》2013 年第 2 期。

37. 赵义良:《消费异化:马克思异化理论的一个重要维度》,《哲学研究》2013 年第 5 期。

38. 施从美、沈承诚:《现代性、资本逻辑与生态危机》,《社会科学战线》2013 年第 9 期。

39. 李娟:《生态学马克思主义的生态帝国主义批判与当代启示》,《当代世界与社会主义》2014 年第 1 期。

40. 赵涛:《马克思主义中国化生态思想探析》,《科学社会主义》2014 年第 6 期。

41. 王青:《泰德·本顿对历史唯物主义的生态批判与建构》,《东岳论丛》2014 年第 10 期。

42. 陈宏滨:《资本主义生态危机的根源及启示》,《湘潭大学学报(哲学社会科学版)》2015 年第 4 期。

43. 黄广宇:《马克思生态观的发展路径及其当代中国回应》,《华南师范大学学报(社会科学版)》2016 年第 3 期。

44. 王平:《生态虚无主义的症候及其诊治路径》,《马克思主义与现实》2017 年第 5 期。

45. 罗文东、张曼:《绿色发展:开创社会主义生态文明新时代》,《当代世界与社会主义》2016 年第 2 期。

46. 费劳德、王治河、杨富斌:《马克思与怀特海:对中国和世界的意义》,《求是学刊》2004 年第 6 期。

47. 蔡华杰:《论新自由主义"绿色化"的渊源及其局限》,《马克思主义研究》2018 年第 4 期。

48. 张涛:《新时代生态文明建设若干创新性论断的哲学解读》,《大连理工大学学报(社会科学版)》2018 年第 6 期。

49. 张涛:《新时代中国特色社会主义绿色发展观研究》,《内蒙古社会科学》2018 年第 1 期。

50. 张涛、高福进:《从资本逻辑到现代性:有机马克思主义对生态危机根源的批判进路研究》,《海南大学学报(人文社会科学版)》2019 年第 1 期。

51. 张涛:《马克思恩格斯政治经济学批判的生态文明内蕴及启示——以〈资本

论〉及其手稿为核心的考察》,《湖北社会科学》2022 年第 3 期。

52. Garrett Hardin, The tragedy of the commons, *Science*, Vol.162, No.3859, 1968.

53. K.J.Walker, Ecological Limits and Marxian Thought, *Politics*, Vol.14, No.1, 1979.

54. Val Routley, On Karl Marx as an Environmental Hero, *Environmental Ethics*, Vol. 3, No.3, 1981.

55. Norton. B. G, Environmental Ethics and Weak Anthropocentrism. *Environmental Ethics*, Vol.6, No.2, 1984.

56. John Clark, Marx's Inorganic Body, *Environmental Ethics*, Vol.11, No.3, 1989.

57. Andrew McLaughlin, Ecology, Capitalism, and Socialism, *Socialism and Democracy*, Vol.6, No.1, 1990.

58. Joel Kovel, A materialism worthy of nature, *Capitalism Nature Socialism*, Vol.12, No.2, 2001.

59. Maarton Kadt, Salvatore Engel-bi Mauro. Failed Promise, *Capitalism Nature Socialism*, Vol.12, No.2, 2001.

60. Alan Rudy, Marx's Ecology and Rift Analysis, *Capitalism Nature Socialism*, Vol. 12, No.3, 2001.

61. John BellamyFoster, Capitalism and ecology: the nature of the contradiction, *Monthly Review*, Vol.54, No.4, 2002.

62. John Bellamy Foster, The Ecology of Destruction, *in Monthly Review*, Vol.58, No. 9, 2007.

后　记

　　生态文明的基础性理论问题是我自本科求学以来一直关注的研究方向。在攻读博士学位期间,在高福进老师的指导下,我选择了"生态危机根源"这一在理论界富有争议且充满挑战的问题作为博士论文的研究对象,以期确立一种能够反映生态问题本质的研究范式,进而破解相关争议。2021年,我在博士论文的基础上,申请获批了上海市哲学社会科学规划项目"生态危机根源的历史唯物主义审视及其当代价值研究"(2021ZKS001),并获复旦大学望道文库学术著作出版资金重点资助。

　　本书是在我的博士论文基础上修改而成,亦是近年来潜心研究生态文明基础性理论问题的阶段性总结。当书稿付梓之际,没有特别的喜悦,更没有如释重负般的解脱,涌上心头的是由衷的感激之情。

　　首先要感谢我的导师高福进教授。高老师是我博士研究生学习期间的指导老师。在我求学期间,高老师充分尊重我的研究兴趣并积极鼓励我以此为题,每当我遇到难题而苦恼泄气时,高老师总是能够及时地给予我指导。高老师敏锐的问题意识、渊博的专业知识和严谨的治学态度对我影响深远,引导着我不断进步。

　　书稿能够顺利完成还离不开众多良师益友的鼓励、支持和帮助。感谢上海交通大学马克思主义学院陈锡喜教授,陈老师对我书稿中核心观点的形成与凝练提出了许多宝贵意见与建议;感谢中国地质大学(武汉)马克思主义学院陈军教授,陈老师是我本科求学时期的班主任兼学务指导老师,亦是我学术上的引路人,在我求学时期和走上工作岗位之后,陈老师给予了我很多无私地帮助与支持;感谢复旦大学马克思主义学院李冉教授、张新宁教授、李国泉副教授在书稿完成过程中给予的指导和关心。感谢人民出版社柴晨清老师的辛勤付出。

最后,我要感谢我的家人。我的父母虽未曾跨入过大学的殿堂,却时刻关注着我的学术事业,在我完成书稿的过程中,总是能够收到来自他们无微不至的关心和问候。我的妻子柳辰晓女士,时刻督促我勤勉治学,正是她的理解与支持,才使我能够心无旁骛地投入到学术研究之中。还有我可爱俏皮的女儿,她的成长与进步,是激励我在学术道路上勇敢前行的不竭动力。

囿于自身学术积累和知识储备有限,书中难免有疏漏之处,在此,敬请学界前辈及同仁不吝批评指正。

张　涛

2024 年 4 月

责任编辑：柴晨清

图书在版编目（CIP）数据

唯物史观视阈下生态危机根源研究 ／ 张涛著.
北京 ： 人民出版社，2024.8. -- ISBN 978‑7‑01‑026844‑6

Ⅰ. Q146

中国国家版本馆 CIP 数据核字第 2024UF3644 号

唯物史观视阈下生态危机根源研究
WEIWUSHIGUAN SHIYU XIA SHENGTAI WEIJI GENYUAN YANJIU

张 涛 著

人民出版社 出版发行
（100706 北京市东城区隆福寺街 99 号）

北京建宏印刷有限公司印刷 新华书店经销

2024 年 8 月第 1 版 2024 年 8 月北京第 1 次印刷
开本：710 毫米×1000 毫米 1/16 印张：13.75
字数：217 千字

ISBN 978‑7‑01‑026844‑6 定价：79.00 元

邮购地址 100706 北京市东城区隆福寺街 99 号
人民东方图书销售中心 电话（010）65250042 65289539